现代果农致富 彩色图说系列

鳄梨(牛油果) 生产与病虫害防治

Production and pests control of avocado

梁广勤 赵菊鹏 胡学难 主编

中国农业出版社
北京

主　　编：梁广勤　赵菊鹏　胡学难

副 主 编：刘权叨　梁　帆　何日荣

马新华　杜志坚　周庆贤

参编人员（按姓氏笔画排序）：

马　骏　马新华　王一承　王卫芳

王建国　韦　强　龙　阳　卢乃会

叶育石　冯旭祥　冯黎霞　毕燕华

刘权叨　刘志斌　刘海军　刘筱嘉

孙光明　杜志坚　李小平　李宝明

李素冰　杨丽璇　杨卓瑜　吴佳教

何日荣　陈永红　武目涛　林　明

林　莉　罗金堂　罗冠葱　周庆贤

赵菊鹏　胡学难　袁俊杰　黄　彬

黄远钧　黄法余　章　柱　曾广深

梁　帆　梁广勤　董祖林　简丽容

詹儒林　黎爱民　魏永赞

avocado

部分支持和参与编写本书的人员

广东检验检疫技术中心植物检疫实验室部分编写人员（梁帆提供）

番禺出入境检验检疫局部分编写人员（晓宇提供）

湛江出入境检验检疫局部分编写人员（徐晓提供）

广州市花都区农业技术管理中心部分编写人员（黄耀辉提供）

中国科学院华南植物园部分编写人员（杜志坚提供）

南亚热带作物研究院部分编写人员（龙阳提供）

前言

鳄梨，又称牛油果、油梨、樟梨或酪梨等，原产于中美洲的热带和高山亚热带地区，包括墨西哥和中美洲等地。鳄梨被称作牛油果，源于其果实可发出一种牛油的气味，此味迎合了一些消费者喜好，可作为餐桌上的调味品。因此，有消费者称其为蔬菜而非水果。鳄梨的果皮粗糙，形如鳄鱼的体肤，果形如梨又如鳄鱼头，故而得名。鳄梨的果肉大部分为青绿色，每果仅具种子1粒，种子大型，皮褐色，新鲜种子可用于繁殖种苗。

鳄梨于1918年在我国台湾首先引入种植，至今在我国大陆地区已广泛种植或试种，种植面积也在不断增加。我国大陆有广大地区具备鳄梨的适生条件，鳄梨种植发展很快。消费者对它的牛油味也已从生畏到逐渐适应和接受。在我国，鳄梨适宜种植品种的选育及相关的科学研究正在开展。

我国的检验检疫部门为适应国际水果市场发展的需要，开放一些国家的鳄梨输入中国，与此同时，也十分关注国外危险性有害生物是否随入境鳄梨传入国内。为适应当前及未来的鳄梨生产和检验检疫工作的需要，我们编写了《鳄梨（牛油果）生产与病虫害防治》一书。

本书共八章，内容包括概述，生物学特性及环境要求，生产技术，有害生物及其防治，收获、加工及储藏保鲜，食味和营养及保健作用，贸易与检验检疫，在我国发展的可行性分析。本书共收录了鳄梨炭疽病、鳄梨疮痂病及苜蓿波瘿蚊、鳄梨布瘿蚊、石榴小爪螨、玫瑰短喙象等30多种鳄梨病虫害。通过对鳄梨果园的实地考察和调查，我们熟悉了鳄梨的生产环节和开花、结果到果实收获全过程，并广泛收集和参考了国内外众多的文献，还在鳄梨入境口岸实地考察检验检疫操作过程，充实了本书内容。本书与我们已出版的《莲雾生产与病虫害防治》《榴莲山竹生产与病虫害防治》两书组成“现代果农致富彩色图说系列”。

本书图文并茂、通俗易懂，可为鳄梨栽培和有害生物控制管理、进境鳄梨检验检疫及鳄梨贸易部门提供技术支撑，可供检验检疫部门、果品栽培及贸易部门决策时参考。本书有较高的科学性、可操作性，可对促进热带水果的国际贸易、国内热带水果业的发展及控制相关有害生物随进境水果传入起到积极的作用。本书由广东检验检疫技术中心、番禺出入境检验检疫局、湛江出入境检验检疫局、广州市花都区农业技术管理中心、中国科学院华南植物园、南亚热带作物研究院和广州市果树研究所水果基地组织人员共同编写。本书同时获得科技部科技伙伴计划（KY 201402015）项目、番禺出入境检验检疫局和广东检验检疫技术中心植物检疫实验室资助出版，在此表示感谢!由于编者水平有限，书中不妥之处在所难免，恳请读者批评指正。

编　者

2018年10月

目录

Production and pests control of avocado

第一章　概述

一、植物学分类

鳄梨，学名*Persea americana* Mill，别称牛油果、油梨、樟梨、酪梨，为樟科（Lauraceae）鳄梨属（*Persea* Mill.）植物。根据《中国植物志》介绍，鳄梨属约50种，主要分布于南美洲和北美洲，少数分布于亚洲东南部。世界各地栽培的鳄梨有2个种，3个亚种或变种，俗称墨西哥系（*Persea americana* var. *drymifolia*）、危地马拉系（*Persea nubigena* var. *guatamalensis*）和西印度系（*Persea americana* var. *americana*），另外，还有一个杂交系（cross race）。

二、植株及果实形态特征

（一）植株

鳄梨为常绿乔木，树皮灰绿色，纵裂（图1-1～图1-3）。叶互生；叶片椭圆形、长椭圆形、卵形或倒卵形；革质，长8～20厘米，宽5～12厘米；先端急尖，基部楔形、急尖至近圆形；正面绿色，背面通常稍苍白色；幼时正面疏被黄褐色短柔毛、背面密被黄褐色短柔毛，老时上面变无毛、下面疏被微柔毛；羽状脉，中脉在上面下部凹陷、上部平坦，下面明显凸出，侧脉每边5～7条，在上面微隆起、下面却十分凸出；叶柄长2～5毫米，腹面略具沟槽，略被短柔毛。聚伞状圆锥花序长8～14厘米，多数生于小枝的下部，具梗，总梗长4.5～7厘米，与花序轴被黄褐色短柔毛；苞片及小苞片长约2毫米，线形，密被黄褐色短柔毛。花淡绿带黄色，长5～6毫米，花梗长可达6毫米，密被黄褐色短柔毛。花被两面密被黄褐

色短柔毛，花被筒倒锥形，长约1毫米；花被裂片6枚，2轮（每轮3枚），长圆形，长4～5毫米，先端钝，外轮3枚略小，均花后增厚而早脱落。可育雄蕊9枚，长约4毫米，花丝丝状，扁平，密被疏柔毛；花药长圆形，先端钝，4室；第1、2轮雄蕊花丝无腺体，花药药室内向；第3轮雄蕊花丝基部有一对扁平橙色卵形腺体，花药药室外向。退化雄蕊3枚，位于最内轮，箭头状心形，长约0.6毫米，无毛，具柄，柄长约1.4毫米，被疏柔毛。子房卵球形，长约1.5毫米，密被疏柔毛；花柱长2.5毫米，密被疏柔毛，柱头略增大，盘状。果大，通常梨形，有时卵形或球形，长8～18厘米，黄绿色或红棕色，外果皮木栓质，中果皮肉质，可食。花期2～3月，果期8～9月。

图1-1　鳄梨树形（梁广勤提供）

图1-2　鳄梨树形（梁广勤提供）

图1-3　鳄梨树形（梁广勤提供）

（二）果实

鳄梨果从授粉到果实成熟需要6～7个月，成熟的果在树上挂好几个月还可保持良好状态。鳄梨栽后一般6～7年开始结果，但在气温高和降水量适中的地区，定植后4年可开花结果。成熟果仅含种子一粒，而且不会自然裂开。鳄梨果实呈梨形，其外皮粗糙，像鳄鱼头，因此人们常称其为鳄梨；另因果味如牛油，又被称为牛油果；亦有油梨之称（图1-4～图1-11）。由于鳄梨果实营养十分丰富，具有高不饱和脂肪酸、高蛋白、高热量、低糖分的特点，并含有丰富的维生素和矿物质，因此有“营养果”“森林黄油”之美称，为果中珍品。树上的成熟挂果通常青绿色，以后果转至紫褐色。果实剖开后，可见种子在果肉中。

图1-4　进入后熟期的墨西哥哈斯(Hass)鳄梨（梁广勤提供）

图1-5　秘鲁产哈斯鳄梨（梁广勤提供）

图1-6　后熟的墨西哥哈斯鳄梨（梁广勤提供）

图1-7　海南产的杂交品种鳄梨（林明提供）

图1-8　广州花都产的杂交品种鳄梨（周庆贤提供）

图1-9　美国产哈斯鳄梨（冯黎霞提供）

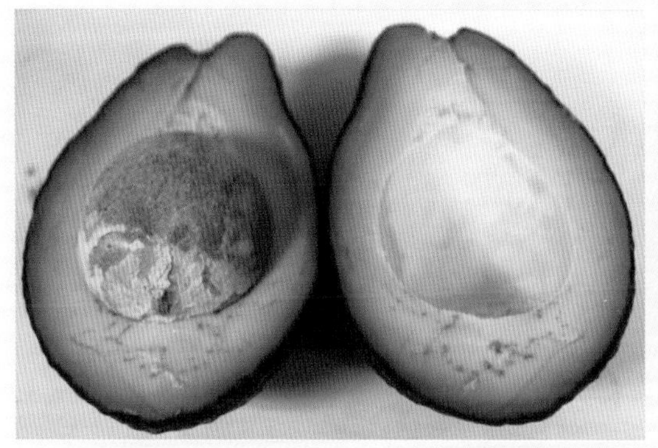

图1-10　鳄梨鲜果剖示：种子在果肉中（梁广勤提供）

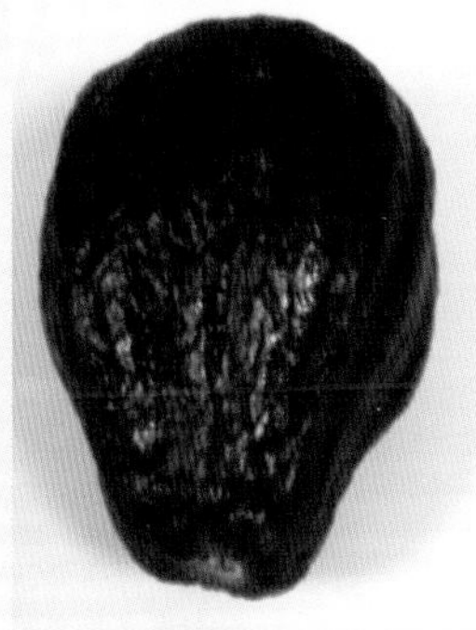

图1-11　完成后熟的哈斯鳄梨（梁广勤提供）

果实有后熟期，收获后需过一些时间才开始变熟。在美国加利福尼亚州，收获果实从秋末开始，可持续到来年的秋天。据此，当地树上会出现两年果实交叠存在的情况，全年都可以看到树上挂果。前一年的果实还没有摘完，新一年的果实就已经形成（图1-12～图1-15）。

图1-12　广州鳄梨树结果状（梁广勤提供）

图1-13　海南白沙鳄梨挂果（林明提供）

图1-14　广州花都鳄梨挂果（梁广勤提供）

图1-15　美国加利福尼亚州鳄梨挂果（冯黎霞提供）

三、地理分布

鳄梨原产于中美洲的热带和高山亚热带地区，包括墨西哥和中美洲等地，后在美国加利福尼亚州被普遍种植，发展迅速，致使加利福尼亚州演变成为世界上最大的鳄梨生产地。鳄梨在全世界热带和亚热带地区均有种植，其种植地域广大，但从种植的总体来看，以美国南部、危地马拉、墨西哥及古巴等地栽培最多。

我国台湾省早在1918年在全国首先引种鳄梨，1925年广东省也已开始鳄梨的种植，1931年又引种到福建省。1957年，云南省热带作物科学研究所从华南热带作物学院引种种植，热作两院、广西橡胶研究所于1960年前后开始鳄梨的引种试种，四川凉山彝族自治州热带作物研究所于1965年从广东引入鳄梨试种。目前，我国鳄梨种植的地区很广，包括有台湾、海南、福建、广东、广西、浙江、云南、贵州、四川等省(自治区)，但多处于零星种植或试种阶段，尚未形成较大规模的商业生产。

四、类型与品种

(一) 系与品种

根据刘荣光（2001）、张智奇（2004）、欧珍贵（2006）、钱学射（2011）等资料，现将墨西哥系、危地马拉系、西印度系和杂交系的主要品种归纳如下：

1. 墨西哥系及其品种

墨西哥系原产于墨西哥中部、北部高原亚热带地区。 耐寒性最强，能耐－10～－7℃的低温，开花至果熟历时6～8个月；果肉香，腻滑，含油量高达18%～30%，果实耐储性较强。主要有如下品种：

(1) 巴康。又称贝肯(Bacon)，1954年育成。树冠开张，丰产，叶片卵形，叶全缘，有波浪，叶基圆形叶尖渐尖，叶片揉碎后有浓茴香味，嫩叶古铜色，成叶深绿色。果实卵圆形，小到中等大，暗绿色，单果重可达300克，果肉乳白色或无色，采收期12月左右。

(2) 杜克(Duke)。1912年育成。生长势强，树冠开张，抗风性好。果实长圆锥形，小到中等大，单果重300克左右，果皮薄，亮绿。果肉质地优。含油量21%。采收期10月。种子可用于繁殖砧木。抗寒性极强且冻后恢复快，可耐－5.5℃低温。

(3) 墨西可乐 (Mexicola)。又称墨西哥拉，1910年在墨西哥育成。树冠开张而高大，长势旺。果实圆锥形，果小，单果重150克左右，果皮薄，黑褐色。果肉质地极好，种子大。采收期9月。抗寒性极强且冻后恢复快，－6.5℃左右落叶，－9.5℃可受冻致死。可做耐寒砧木。

(4) 大墨西可乐(Mexicola Granda)。由墨西可乐实生苗中选育而成。树冠开张而高大，类似墨西可乐。果实近圆形。单果重比墨西可乐大15%～25%，果皮薄，黑褐色。果肉质地好，油脂含量高。抗寒性可达－7.7℃。

(5) 托帕托帕(Topa Topa)。1912年在墨西哥育成。生长势强，树冠圆柱形。果实优美，长圆锥形，小到中等大，单果重250克左右，果皮薄。果肉质地一般，含油量15%。种子常用于繁殖砧木。抗寒性较强，可耐－5℃低温。

2. 危地马拉系及其品种

原产于热带亚热带山地和高丘地区，即生长于墨西哥系和西印度系两品系之间的地带。能耐－5～－4℃的低温，在－6℃以下才会严重受害。开花至果实成熟长达9～12个月，果肉较香、肉质细腻，含油量中等至高(10%～20%)，果实耐储性较强。以下介绍部分品种：

（1）哈斯(Hass)。1926年由实生苗中选育而成。在美国加利福尼亚州选育，树冠开张，主干粗壮，较弯曲、粗糙，枝条柔软、弯曲，黄绿至灰褐色。叶片长椭圆形，叶缘全缘有波浪，叶基圆形，叶尖渐尖，叶片揉碎后无味，嫩叶古铜色，成叶绿色。果实卵圆形，中等大，单果重300克左右，果皮厚，铜绿色至褐色。果肉质地较好，淡黄色，含油量19%。种子小，采收期7月。留树储存达2～3个月之久。哈斯是国外著名品种，也是大量栽培的品种。抗寒性较强，可耐－4.5℃低温。

（2）皇后(Queen)。1914年在危地马拉育成。树冠开张。果实特大，长圆形，单果重达600～700克，暗绿色。果实质优，含油量13%。采收期8月。可耐－3.5℃的低温。

3. 西印度系及其品种

起源于美洲中南部低地，即热带亚热带低地平原地区。抗寒性较弱，能耐－2～－1℃，适于热带栽培；果实大，开花至果实成熟历时6～9个月；果肉味较淡、微甜，含油率低(仅3%～7%)，果实耐储性差。以下介绍部分品种：

皮洛克(Pollock)。在美国佛罗里达州选育。树主干粗壮、挺直、粗糙，枝条粗壮平伸、黄绿色至灰褐色。叶片卵圆形，叶全缘有波浪，叶基圆形，叶尖渐尖，叶片揉碎后有淡茴香味，嫩叶古铜色，成叶绿色。果实梨形，成熟果黄绿色，其果肉淡黄色，特大(500～1 000克)，最大2 400克，含油量3%～6%，早熟，味佳。

以鲜食为目的品种，是皮洛克(Pollock)和桂垦大2号品种相互搭配，以利于授粉受精。最适宜引种栽培区主要是广东的湛江和海南的海口、琼海、东方、三亚等地区。该区平均温度22.3～25.5℃，最热月均温28.1～29.1℃，最冷月均温14.6～20.9℃，极端低温－1.4～5.1℃，年降水量1 254.7～2 072.8毫米。

4. 杂交系及其品种

杂交系是墨西哥系（M）、危地马拉系（G）、西印度系（W）三个类型的杂交种。以下介绍部分品种：

（1）路拉(Lula)。G×M的杂交类型，在美国佛罗里达州选育的著名品种，高产。树主干粗壮、挺直、平滑，枝条柔软弯曲下垂、平滑、浅绿色至灰绿色；叶片长椭圆形，叶全缘有波浪，叶基圆形，叶尖渐尖，叶片揉碎后无味，嫩叶古铜色，成叶绿色；果实梨形，成熟果绿色、肉淡黄色，单果重400～680克，含油率12%～16%，树上挂果易脱落，容易感染疮痂病。

（2）博思7(Booth 7)。G×M的杂交类型，是著名品种。10月成熟，树主干粗壮、挺直、平滑、黄绿色至褐色，叶片椭圆形，叶全缘有波浪，叶基圆形，叶尖渐尖，叶片揉碎后有淡茴香味，嫩叶古铜色，成叶黄绿色。果近球形、绿色，成熟果肉深黄色，单果重280～560克，含油率10%～14%，果肉香滑爽口，风味好。

（3）博思8(Booth 8)。杂交型，源自美国佛罗里达州。树主干粗壮、挺直、粗糙，枝条平伸、灰白色至黄绿色，叶片椭圆形，叶全缘有波浪，叶基圆形，叶尖渐尖，叶片揉碎后无味，嫩叶古铜色，成叶黄绿色。果实椭圆形、绿色，成熟果肉淡黄色，单果重

410克。

（4）怀特舍尔(Whitsell)。是1982年在美国河滨县育成的杂交品种，已申请专利。树性矮化，生长势一般。果实似哈斯品种，较小，单果重170克左右，果肉质地好。有大小年结果习性。不耐寒，为温室及盆栽品种。

（5）沃慈(Wurtz)。是1935年在墨西哥育成的杂交品种。树性低矮下垂，生长势一般，不易修剪。果实暗绿，中等大，单果重280克左右。为温室及盆栽良种。可耐－3.5℃低温。

（二）我国适种地区

1. 墨西哥系

（1）最适宜引种栽培区。主要是云南楚雄、玉溪、临沧、蒙自和四川的西昌地区等。该区年均温15.6～18.6℃，最热月均温20.8～26.9℃，最冷月均温7.8～12.1℃，极端低温－4.8～1.3℃，年降水量815.8～1 177.3毫米。

（2）适宜引种栽培区。四川的绵阳、达县、成都和内江、宜宾、会理，云南的大理、保山、腾冲、昆明、广南、元江、思茅、河口、景洪及广西的百色地区。该区年均温14.7～22.1℃，最热月均温19.8～28.6℃，最冷月均温5.2～15.6℃，极端低温－7.3～2.8℃，年降水量784.7～1 784.4毫米。

2. 危地马拉系

（1）最适宜引种栽培区。主要是云南西南部的临沧和思茅等地。该区年均温17.2～17.7℃，最热月均温21.1～21.7℃，最冷月均温10.7～11.5℃，极端低温1.3～1.5℃，年降水量1 159.0～1 522.6毫米。

（2）适宜引种栽培区。四川的西昌、会理，云南的大理、保山、腾冲、楚雄、昆明、玉溪、广南、蒙自、景洪等地。该区年均温14.8～21.8℃，最热月均温19.8～26.9℃，最冷月均温7～15.6℃，极端低温－4.4～2.7℃，年降水量815.8～1 463.8毫米。

3. 西印度系

适宜引种栽培区是云南的元江、河口、景洪，广东的汕头、广州，福建的厦门和广西的河池、柳州、百色、梧州、南宁、北海等地。该区年均温21.3～23.8℃，最热月均温25.6～28.8℃，最冷月均温10.3～16.6℃，极端低温－3.8～2.8℃，年降水量784.7～1 784.4毫米。

Production and pests control of avocado

第二章　生物学特性及环境要求

一、生物学特性

（一）根部

鳄梨是以侧根系为主的浅根性乔木，侧根垂直分布主要在地下1米以内，绝大部分分布在30厘米以内的土层中。根部无根毛，由菌根代替根毛吸收水分和养分，菌根共生于根尖部位；在通气良好的湿润土壤中，菌根容易形成，具有较强的吸收能力。

土壤过于干旱或积水都不利于鳄梨根系的生长和吸收，土壤水分过多时还容易诱发根腐病。鳄梨不容易形成不定根，一旦根系受损伤，特别是较大的侧根受损伤，则较难恢复生长。

（二）茎部

鳄梨大多数品种具粗壮而明显的主干，分支较多，其分支粗壮者，平伸或向上生长。树冠较大而开展，枝条开张，树冠多为圆锥形或圆头形。树皮深褐色或灰褐色；皮厚，具深纵裂或平滑。木质松脆，木栓化的枝条多为灰白色至灰褐色，新梢皮层绿色，光滑，质柔而松脆，易折断。但分支较细的品种，其枝条一般表现为较柔软，易弯曲下垂，树冠较小而直立、圆锥形（图2-1）。幼树新梢周年可生长，无明显休眠期。

（三）叶

叶片较大、革质，单叶互生，密集于枝端，螺旋状排列；有叶柄，叶片披针形或倒卵形至椭圆形，表面暗绿或淡绿色，光滑；反面黄绿或苍白色，全缘，叶缘波浪的有无或明显与否，不同品种之间存在差异；叶形多为椭圆形，也有长椭圆形或阔椭圆形等，叶基楔形，叶尖以渐尖为主，叶面黄绿至深绿色、光滑，叶背灰

图2-1 鳄梨树茎及枝条（梁广勤提供）

白至淡绿色、多具茸毛。嫩叶多为古铜色。叶脉羽状（图2-2～图2-5），一般有6～7对，突起于叶背。叶片的长、宽、厚度以及叶柄长度因品种而异。叶龄一般2～3年，有较集中的换叶期，即春季开花伴随着老叶脱落，同时在果穗顶端又有新叶抽生，到幼果期新叶已基本全部转绿。墨西哥系品种的叶片揉碎后有茴香味，这是区别于其他种群的重要特征之一。

图2-2 鳄梨叶片羽状叶脉（赵菊鹏提供）

鳄梨结果树在每年春季开花时有较集中的换叶期，即开花伴随着老叶脱落。同时，在果穗顶端又有新叶抽生，到幼果期新叶已基本全部转绿。

图2-3 鳄梨苗叶片示叶脉及古铜色嫩叶（1）（杜志坚提供）

图2-4 鳄梨苗叶片示叶脉及古铜色嫩叶（2）（梁广勤提供）

图2-5　鳄梨嫩叶呈古铜色（冯旭祥提供）

（四）花

鳄梨的花多，同时花期也较长。鳄梨花为聚伞状圆锥花序，长8～14厘米，着生于一年生枝条的顶端或叶腋间，每花序一般有4～5个分枝，200朵花，多者可达700朵。鳄梨的花及花序，需经过一段较长时间的发育而形成。鳄梨花小，微黄色，单被（6裂），两性，有雌花和雄花之别（图2-6～图2-10）。

图2-6　花蕾形成（2016年12月26日梁广勤摄于广州）

图2-7　花蕾萌动（2017年1月8日梁广勤摄于广州）

图2-8　花序即将伸出（2017年1月17日梁广勤摄于广州）

图2-9　花序形成（2017年1月25日梁广勤摄于广州）

图2-10　花序小花（2017年2月9日杜志坚摄于广州）

鳄梨花序的花朵数量与品种有关，一般由几十朵至几百朵小花组成，花小而密，蛋黄带绿色，花柄淡绿色；鳄梨的花虽多但结果率较低，其结果率大约在0.05%以下，生理落花落果严重。鳄梨的花属完全花，雌雄异熟。多数品种开花期历时1～2个月，盛花期20～30天。根据雌雄蕊成熟时间不同，鳄梨花可分为A型花和B型花两类。A型花一般于上午开花，此时花中的雌蕊已成熟。可以接受传粉受精，但雄蕊还未成熟，小花于当天下午闭合；次日下午小花第2次开放，此时小花的雄蕊成熟，花药散发出花粉，但雌蕊的柱头往往已失去了接受花粉的能力，小花开放延续到傍晚便永久闭合（谢花）。B型花是于当天下午开放，此时雌蕊成熟，可以授粉，但雌蕊尚未成熟，当天傍晚闭合；小花第2次开放是在次日的上午，此时雄蕊已成熟，花药散发出花粉，但雌蕊已失去接受花粉的能力，下午小花永久闭合。多数鳄梨品种有明显的A型、B型花之分，但也有些品种属交叉混合花型的，即自花可结实，不过结实率较低，生产上大面积种植鳄梨时应该考虑A型、B型两种花型的品种搭配，以利于授粉受精，提高坐果率（图2-11～图2-13）。

图2-11　鳄梨雄花（龙阳提供）

图2-12 鳄梨雌花（马新华提供）

图2-13 鳄梨花期管理技术现场研讨和分析（马新华提供）

鳄梨花小花的组成，见图2-14～图2-16。

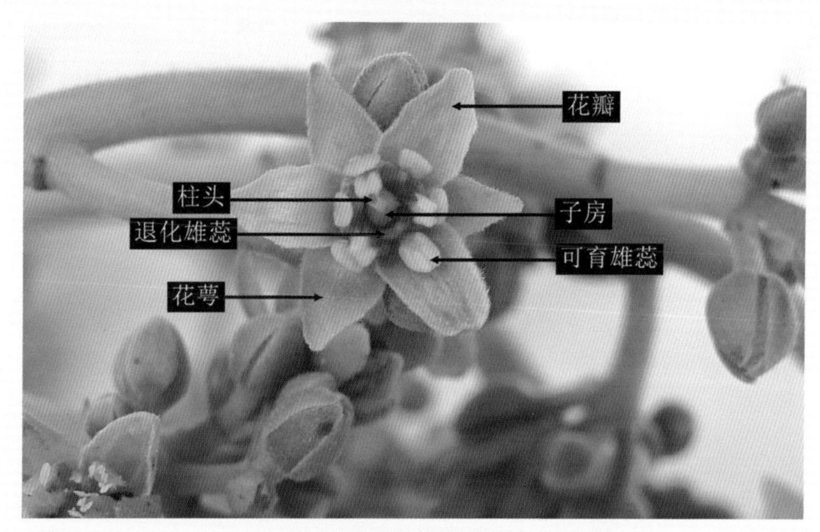

图2-14 鳄梨花的组成（1）（杜志坚提供）

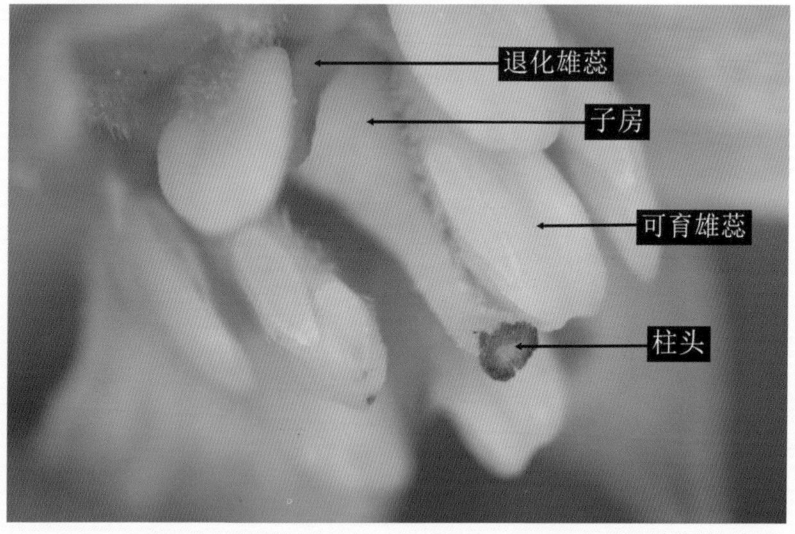

图2-15 鳄梨花的组成（2）（杜志坚、梁帆提供）

图2-16　现场观察鳄梨的开花状况（黄跃辉提供）

（五）结果习性

鳄梨小果形成于花后的3～5天，花的坐果率与花期关系较大：春天初、盛花期平均温度在17.4℃下，花的坐果率只有5.3%；而在末花期这个阶段，平均温度上升到24.7℃左右，花的坐果率高达70.3%，两个时间段之间坐果率差异很大，这与末花期温度较高、花粉活力较强、花授粉机会增多有关。鳄梨的结果在同一花序中有时间差异，经过授粉受精的花朵，小果显出后3～5天不脱落，而未经过授粉受精的花朵，一般在花后第2天或第3天脱落，极个别的花朵也有延到第5天脱落。鳄梨落果有前期落果和后期落果的现象，以前期落果较为严重，而落果有3个高峰期，第1次出现在花后的15天；第2次高峰出现在花后21天左右，第3次高峰出现在花后30～35天。坐果率仅约15.46%，其中前期落果达98.74%。后期落果并不严重，成熟时树上挂果自然零星脱落属正常现象。鳄梨从小果形成至成熟需191～210天，种子达生物学成熟约105天。在果实成熟前约60天，种子基本停止生长，也是果肉生长最快的时间。广州地区种植的鳄梨，在当地3月开花，8～9月果先后成熟，果期6～7个月。据此，广州地区鳄梨（哈斯）成熟期，正常是在9月前后（图2-17～图2-23）。

图2-17　广州种植的鳄梨结果状（梁广勤提供）

图2-18　广州种植的哈斯品种鳄梨挂果（梁广勤提供）

图2-19　广州种植的杂交品种鳄梨挂果（梁广勤提供）

图2-20　海南白沙种植的杂交品种鳄梨挂果（林明提供）

图2-21　广州花都种植的杂交品种鳄梨挂果（梁广勤提供）

图2-22　广州花都种植的杂交品种鳄梨挂果（梁广勤提供）

图2-23　美国加利福尼亚州鳄梨挂果（冯黎霞提供）

二、环境要求

（一）温度

鳄梨生态起源不同，对温度的适应范围差异较大。墨西哥系品种原产于墨西哥山地，可分布到2 400～2 800米高山上，属亚热带甚至是温带型树种。其抗寒力最强，－6℃左右嫩梢才开始受冻，耐寒力最强，可耐－10～－7℃低温。危地马拉系品种原产危地马拉及墨西哥，海拔1 400米以下的山地及高丘，属热带及亚热带生态型品种，抗寒力中等，可耐－4℃低温，在－6℃低温会严重受害。西印度系品种原产于中美洲，分布在海拔800米以下的热带地区，属热带生态型品种，抗寒力最差，在0℃就可能受害，一般在－2℃左右就会出现冻害。

世界上种植面积最广的鳄梨品种是哈斯（Hass）和富尔特（Fuerte）。哈斯的临界低温为－1.1℃；富尔特是由危地马拉系与墨西哥系杂交而得，临界低温是－2.8℃。哈斯的花期在平均温度降低到13℃以下时，会影响授粉受精，降低坐果率；迟熟品种在采果前遇到低温霜冻天气，会使果实冻伤，严重时大量落果。从鳄梨的越冬情况看，抗平流低温能力较强，抗辐射低温能力较弱。温度过高会妨碍鳄梨的正常生长发育，特别是在干旱季节，温度超过44℃时，叶片将被灼伤；花期遇高温会引起落花落果。

研究表明，在室内不同温度配合下观察鳄梨开花率，发现品种富尔特在昼温25℃、夜温20℃条件下雌蕊开花率最高（65%）；在昼温33℃、夜温28℃时，开花率为40%；在昼温17℃、夜温12℃时，开花率仅6.7%。另据报道，在15～25℃条件下，各品种雌蕊开花率为20%～30%，花期气温在15℃以下时，雌蕊开花率低，

雌雄蕊活动时间推迟，花期延长。说明鳄梨开花坐果至少要在20～25℃的温暖条件下。花期低温对鳄梨花芽影响也很大，据文献报道，在－2.5℃下处理2小时，花芽少量枯死；在－3.2℃低温下处理4小时，花芽大量枯死；但在－3.5℃下处理1小时，花芽很少枯死。可见花芽受害程度与极端低温强度和受低温影响时间的长短密切相关。

鳄梨花期前后对温度要求严格，富尔特品种花期的临界低温为13.5℃，温度越高，坐果率越高。哈斯品种开花坐果的最适昼温为25℃、夜温为20℃，高温和低温均会发生大量落果。

（二）水分

鳄梨原产地年均降水量多在700～1 500毫米，一般在1 200毫米以上，且有明显的干湿季节。一般年降水量在800～1 000毫米、雨季分布较均匀的地区，鳄梨均可正常生长。土壤不过分干燥的地区，鳄梨均能生长良好。开花期至幼果期是鳄梨对水分最敏感的时期，花期雨水过多，影响坐果，但一般雨天对开花影响不大。如果大气干旱，或在缺水状态下会引起花穗萎蔫，幼果大量脱落，坐果率低；果实膨大期和成熟前期如缺水，会影响果实膨大，造成采前落果，严重影响产量。如果遇到严重的春旱或夏旱，则新叶不能抽生，树冠上部1～2年生枝条干枯，影响结实。

鳄梨的花期较长，一般春季降水对授粉受精影响不明显。鳄梨根系为好气性菌根，适于通气良好的湿润土壤，忌积水。土壤水分过多，会影响根系的生长和吸收。

(三) 光照

鳄梨原产地年日照时数多在2 400小时以上，但总体看，光照长短对鳄梨的生长没有显著的影响，对树体的营养生长影响不大，然而只要气温适宜，鳄梨一年四季均可生长。但光照对生殖生长影响较大，这个发育阶段要求有充足的光照条件，否则影响开花和降低坐果率，有充足的光照，才能正常开花坐果。据观察，位于中国科学院华南植物园内的一株鳄梨树，1989年时，周边没有成长的大树遮挡，曾经开花和结果。如今树身徒长，高高瘦瘦，叶片薄嫩，没有结果枝形成，终年无花无果。究其原因，该树的周围原来的小树已抽高长大，将鳄梨树遮挡，严重影响该树的通风和透光，使植株缺乏足够的光照，导致了无花无果的现象。

鳄梨不耐烈日暴晒，特别是幼苗期和裸露的大树干，烈日直晒容易对树造成组织灼伤。对于成龄鳄梨树，充足的光照有利于花芽分化和果实正常发育，光照不足影响树势的生长发育。由于光照严重不足，抽出徒长枝条，旺于营养生长，没有果枝形成，也就不可能有开花和结果的枝条发生。生长在荫蔽环境下的鳄梨树，枝条徒长，无果枝，在同处5月的季节中，有充足阳光正常生长的鳄梨树已开花结果，而该树则既无花也无果（图2-24、图2-25）。

(四) 风

鳄梨的树冠庞大，枝叶茂密，木质松脆，抗风能力差，容易被风吹折断。根系分布很浅，有80%～90%的根系分布在约60厘米深度的土层内。据报道，在喀麦隆，鳄梨65%～85%的根系分布在15厘米表土层。因此，遇上大风或大暴雨，枝条易被折断，植株容易倒伏。一些大果品种，挂果期遇强风还会造成大量落果。一般阵

图2-24　被遮阳导致徒长（红色箭头指）的鳄梨树既无花也无果（杜志坚提供）

图2-25　5月有正常光照的鳄梨树已结小果（黄跃辉提供）

风强度8级以上，鳄梨即会严重受害。因此，种植鳄梨应尽量选择不受台风影响或常年风力较小的地区种植。

（五）土壤

鳄梨对土壤的适应性较广，只要排水良好，土层在1米以上的土壤均可正常生长结果。而以土层深厚、有机质丰富、土质疏松、地下水位1.5米以下的微酸性（pH为5.5～6.5）土壤最为适宜。但栽培者发现，在距离海岸较近的地区种植，有出现死树的现象，是否由于受到海水含碱量较高、树苗的生长受到碱性水质的影响而导致苗死，有待探讨。排水不良的洼地、高岭土或地下水位高的土壤，对鳄梨生长不利，易引起根腐病。

检测鳄梨种植土壤的酸碱度，可进一步了解鳄梨的正常生长所需。据检测，在广州和湛江鳄梨种植果园土壤的pH为6.5～6.8，土壤偏酸，果树生长正常（图2-26）。

图2-26　专家介绍鳄梨的栽培和生物学特性（梁广勤提供）

Production and pests control of avocado

第三章　生产技术

建鳄梨园，应选坡度小、灌溉方便、排水良好、地下水位在1.5米以下、不易积水且背风向阳、不易受到台风侵袭的地方。宜土层深厚、肥力较好、疏松，一般为沙壤土，土壤的pH在5～7为好。

一、地面覆盖

鳄梨是在竞争阳光中生长的果树，高温高湿的环境使其快速生长，若环境条件不具备则生长慢。故国外鳄梨栽培多强调初期在植株附近生草或种绿肥，并在根际附近大量覆盖，通过覆盖增加表土有机质，形成与原产地相似的雨林根际环境，稳定根际生态条件，促进能抑制根腐病活动的微生物的繁殖。故从幼树期到树体本身能通过落叶形成覆盖层和根腐病发生前，加强对幼树的管理特别重要。在冬季开始覆盖，春天补充厚度，到夏天便能形成很好的覆盖层。根际覆盖还可减少土壤水分蒸发，减轻干热对鳄梨树的损害，夏降土温、冬升土温，增加土壤有机质，减少杂草，防止坡地水土流失。但雨季要防止覆盖土壤过湿。

二、施肥

鳄梨果树种植后，1～4年的幼树期，是为鳄梨丰产优质栽培打基础的时期，应合理施肥，促进幼树快生速长。鳄梨树缺肥的征兆是严重落叶和枝枯。鳄梨幼树和结果树的合理施肥，都要根据土壤肥力、树龄、植株生长或生长与结果情况，决定施肥种类和数量。一般都要平衡地施用氮、磷、钾等完全肥料，最好是通过土壤及叶片的营养分析来指导施肥。中国华南地区红壤山坡有机质缺

乏，有效钾、有效磷缺乏，更应重视钾、磷肥的施用。鳄梨幼树根系易受氮肥伤害，且多施氮肥易使枝叶徒长，延迟结果，应注意氮肥的施用。在国外，每株每年施纯氮110～450克，随树龄增长逐年增加，其中一半以有机肥作氮源。在植后第1年应少量勤施。在有霜冻的地区，秋冬宜停止施氮肥，多施磷、钾肥，避免冬梢发生寒害。过磷酸钙则每年每株施900克。硫酸钾每年每株施1.8～2.2千克。

每年常规应用氮肥4次以上，通常是撒施，或是经由灌溉系统施。成年树幼果期每株施有机肥50千克、复合肥50克，采收后再施1次，数量加倍。

当叶片分析指明磷、钾含量低时施用磷、钾肥。在某些类型土壤上，可以通过施用含锌的肥料或叶面喷施锌肥。当春天新叶开展时喷施最有效。当作物生长在钙质土或氧含量低的土壤上，最有效的方法是将螯合铁溶液注入根区。

当某些土壤和灌溉水中有氮时，用氮量应降低；当树上很少见到有新叶生长并且叶色灰白或结果多时，则要增施氮肥。

三、排灌水

鳄梨周年常绿，全年均需保持根际土壤湿润，对土壤干旱十分敏感。一旦缺水，生理机能受阻，树势衰弱，导致落叶落果，冬季抗寒力降低，故干旱时要适当灌水。从坐果到果实成熟，保持土壤水分至关重要，坐果的第1个月若受旱，幼果严重脱落。在海南，4～5月的干热天气使鳄梨严重落果。故若连晴10～20天，园地土壤开始微裂，就应及时灌溉；降水量长期低于蒸腾量，也应补充灌水。但灌水要恰到好处，既要充足、又忌过量，一般以湿透土壤为佳。若过湿，会加剧根腐病，又会降低果实可溶性固形物的含量。最好用喷灌或滴灌，漫灌可能使根系腐烂，滴灌可节水50%～60%。若干旱叶片开始卷曲，还可进行树冠喷水。雨季要注意排水，平地果园尤须注意。

四、繁殖

（一）种子繁殖

用种子繁殖，在鳄梨的栽培繁殖中是多采用的方法。新鲜的鳄梨种子萌发率最高，经过催芽的种子发芽快，未催芽的种子出芽时间比催芽的种子出芽要迟半个月左右。供播种的种子应取自充分成熟的果实。鳄梨种子外层的褐色种皮，因含油量多，阻碍种子透气和水分吸收，播前务必剥除干净，使播后发芽快，幼苗生长整齐。在播种前，种子顶部及底部各切去一小片（约5毫米），可加快发芽，且发芽一致。种子在苗圃地播种前，种子浸水24小时，以促进发芽，按粒距10厘米播种，种子尖端向上，盖土让种子外露约1厘米，然后盖草保湿。种子发芽后，当苗高10～20厘米时，按大小分级移植，株行距30厘米×60厘米。移植前充分浇水，挖时力求深，避免伤根。移后注意肥水管理，因鳄梨苗根很易遭氮肥伤害，故除施少量厩肥和磷肥外，只在必要时才施少量氮肥。最好用容器育苗，种子先播种于20厘米高的浅盘中，待长出4片叶后移于塑料育苗袋培育，便于管理，有利于延长种植期和提高成活率（图3-1～图3-6）。用种子繁殖时，一定要注意鳄梨种子的生理特点。

图3-1　鳄梨种子（梁广勤提供）

图3-2　鳄梨种子发芽繁殖（黎爱民提供）

图3-3　幼苗出土（黎爱民提供）

图3-4　已出土的鳄梨幼苗（黎爱民提供）

图3-5　鳄梨幼苗成长中（黎爱民提供）

图3-6　鳄梨幼苗（杜志坚提供）

（二）嫁接繁殖

鳄梨可以应用种子繁殖，但如果采用种子繁殖，其后代会产生分离，生长和结果表现不一致，有的单株只开花不结果或结果寥寥无几，有的10余年尚未开花结果，而有的却花繁果多。应用无性繁殖的方法，可以使之获得优质高产的品种。嫁接是其中非常重要的无性繁殖方法之一。在鳄梨的繁殖中，嫁接技术是通常采用的方法。在实施嫁接的时候，要保证嫁接的成活率，砧木和接穗要有亲和力及生活力，但生活力更重要。嫁接成活的外部条件，主要是温度、黑暗、空气和湿度4个要素，只要在合适的嫁接时期，如生长期嫁接，温度都能满足要求。在砧木和接穗紧贴时，双方形成层之间一般也要保持黑暗。嫁接对空气要求不高，用塑料薄膜条包扎时有些空隙就可以（图3-7～图3-13）。

图3-7　鳄梨嫁接（1）（杨卓瑜提供）

图3-8　鳄梨嫁接（2）（杨卓瑜提供）

图3- 9　鳄梨嫁接（3）（杨卓瑜提供）

图3-10　鳄梨嫁接（4）（杨卓瑜提供）

图3-11　鳄梨嫁接（5）（杨卓瑜提供）

图3-12　运用无性繁殖技术培育新品种（龙阳提供）

图3-13　嫁接成功的新株开花（杨卓瑜提供）

嫁接时，采用小苗嫁接是一种好办法，嫁接的成活率可高达83%～100%。嫁接后结果早，从种子播种到小苗嫁接再到开花只需28个月。所谓小苗嫁接法，是利用鳄梨种子核大，胚芽粗壮的特点，在其种核中的胚芽抽发后，尚处于嫩芽状态时，以其作为砧木，接入优良的接穗。用种子培育发芽的幼苗，约培育一年后便可出圃供种植或进行嫁接。嫁接的具体方法如下：

1. 砧木的准备

鳄梨果实采收后，应随采随播，播种时间不宜迟，否则发芽率降低，甚至失去发芽力。播床温度宜保持在15～25℃，水分适度。一般播后30天左右开始发芽生长。

2. 接穗的选用

选取优良的枝条作接穗，接穗长6～7厘米，带1～2个芽（通常2芽为佳），下端两面削成楔形削面，长约3厘米。接穗要求现接现采。

3. 嫁接的实施

嫁接选在早春气温回升的季节进行，当鳄梨种子胚芽已伸长至20～30厘米、茎粗达0.3～0.5厘米时，在离种核6～7厘米处用劈接的方法接上尚未萌芽的接穗。接后用嫁接专用的塑料条绑扎接口和整个接穗。待接芽萌发后解除接穗上的塑料条，但在接口处保留不拆，任其自然脱落。

嫁接成功的苗木，定植后第4年即可开花结果。

位于广东湛江的南亚热带作物研究所，在其种植鳄梨的果园用成株枝条进行无性繁殖的方法，将优良品种的接穗嫁接到鳄梨的砧木上，新型的鳄梨种株嫁接成活后，形成独立的新株。由于选用优良性状的繁育繁殖体进行无性繁殖，因此，成长的鳄梨新株成了优质新品种。从嫁接成活的苗看，长势旺盛，枝繁叶茂，有新株已经开花。

Production and pests control of avocado

第四章　有害生物及其防治

鳄梨易受多种有害生物为害，包括植物病害、昆虫以及生理病害和其他有碍于鳄梨生长的有害生物。有由病原菌感染诱发的病害，也有由生理上和机械伤害造成的不正常果，还有昆虫和螨类造成的为害等。

一、不正常果实

鳄梨树上的挂果，在其整个生长发育过程中，除免不了的生理落果外，还受着很多环境和生物因素的影响。各种不良环境或病虫的影响或机械伤害，包括火、雨雪、高温、日晒、风吹及一些病菌和昆虫等，都可能对鳄梨果造成伤害；或者是在果园管理的过程中人为操作对果实的伤害，或果实收获过程中的摩擦等多种情形对果实的不良影响。这些不良的影响是造成果实品质低劣，降低果实商品价值的重要因素。收获时造成的机械外伤，包括收获时工具对果实碰撞、在收集筐内果实间的互相摩擦等都会让果实造成损伤。另外，在雨水天气收获，果实容易诱发病害等。

不正常果实可归纳为机械损伤果、太阳灼伤果、生理病变果、昆虫为害果和病菌感染果等多个类型。

（一）机械损伤果

有些是人为造成伤害（图4-1）；有些是风雨使果实与邻近枝干相摩擦造成伤痕（图4-2）；有枝条或叶柄或树叶的摩擦造成的龟裂状斑，有与受疮痂病为害相似的症状（图4-3）；果实受风吹造成的与蓟马为害状相似的损伤（图4-4）。

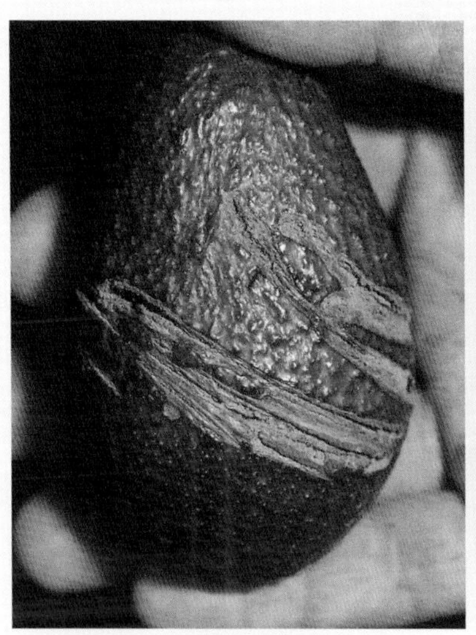

图4-1　人为造成的机械损伤果
(Rosen提供)

图4-2　枝干摩擦造成的伤痕果
(Rosen提供)

图4-3　受树叶和枝条擦伤龟裂状斑果
(Rosen提供)

图4-4　风吹造成与蓟马为害相似症状果
(Rosen提供)

(二) 太阳灼伤果

鳄梨的结果期长，成熟期也很长。在树上生长发育过程中，鳄梨经历几个季节。夏季的高温，果实容易受太阳高温的伤害，果实的外表会出现灼伤症状（图4-5）；太阳灼伤的斑多为圆形

（图4-6）；果实上出现的黑色斑，也是太阳灼伤的一种表现（图4-7）。

图4-5　太阳灼伤果（1）(Rosen提供)

图4-6　太阳灼伤果（2）(Rosen提供)

图4-7　太阳灼伤出现的黑色斑果(Rosen提供)

（三）生理病变果

有些树会结形似青瓜的长形果，切开果实可发现是无种子或具有不健康种子，据称这是花粉不完全发育导致基因突变的结果（图4-8）。一种称之为“歪脖子果”，在靠近果柄的一端出现症状，果可以在树上成熟，发病原因尚不明确，据悉可能与高温有关（图4-9）；一种据说是基因突变的现象，果面出现隆脊或呈隆起的暗色条纹（图4-10）；鳄梨裂果多出现在皮薄的品种，如Bacon和Zutanno两个品种常有发生，这种裂果现象发生在果实的端部，有时被称之为“花端腐”，常因果实过熟或雨水过足而引起（图4-11）。

图4-8　生理变化呈青瓜状无籽果
(Rosen提供)

图4-9　果柄端卷缩状不正常果
(Rosen提供)

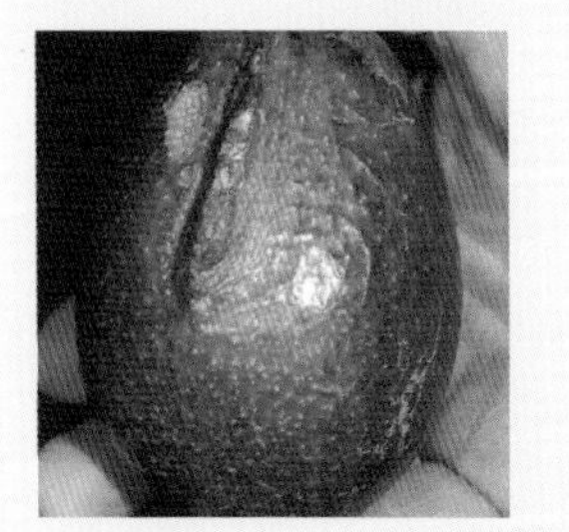

图4-10　生理变异引起隆疤的果
(Rosen提供)

图4-11　端部出现裂纹果
(Rosen提供)

(四)病菌感染果

日灼条斑病，可致果实变黑、红、黄或白色，是一种病毒病（图4-12）；多雨天气，果实容易诱发炭疽病菌感染（图4-13）；果实受到病菌感染，果实在果柄端部腐烂，此病可在收获前或收获后感染发病（图4-14）；在潮湿的环境下，诱发果实发生腐烂，这种果腐通常发生在靠近地面或枝条触地的果，在靠近果实底部出现圆形黑色斑，并在果面扩展（图4-15）；由多种真菌感染诱发的病害，果实皱缩腐烂，果面呈现褐色或紫色（图4-16）；在果实表面、叶片和茎，由昆虫的刺吸所分泌的蜜露诱发煤污菌感染致病（图4-17）。

图4-12　日灼条斑病果(Rosen提供)

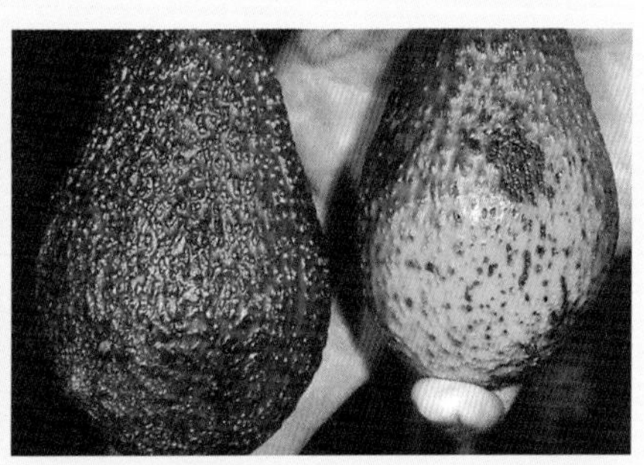

图4-13　受炭疽病菌感染果(Rosen提供)

图4-14　果柄端出现腐烂症状(Rosen提供)

图4-15 自果底部发出黑腐症状(Rosen提供)

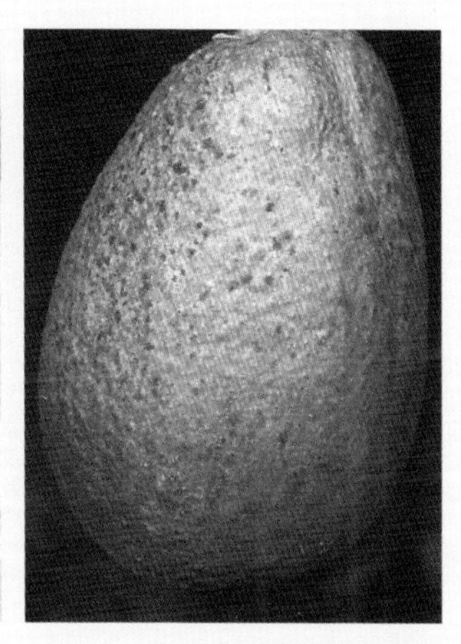

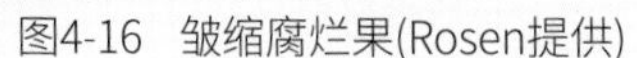
图4-16 皱缩腐烂果(Rosen提供)

图4-17 煤污病果(Rosen提供)

（五）昆虫为害果

发生在鳄梨果实上的虫害除了昆虫之外，还有螨类等其他虫害；其中鳄梨蓟马和鳄梨螨是重要的有害种类，昆虫和螨类对果实的伤害也是出现不正常果的一个原因。鳄梨蓟马对果实表皮的伤害严重，影响鳄梨的商品价值（图4-18）；鳄梨小爪螨为害果实，导致果实表面出现坏死斑，常为害Hass和Gwen这两个品种的鳄梨（图4-19）；蓟马对鳄梨果实的为害，受害较重的果实，表面出现大面积网纹，影响果实的商品价值（图4-20），受害较轻的果实，在果柄附近出现略带褐色的条纹（图4-21）；鳞翅目昆虫中的蛾类和蝶类幼虫也能对果实造成伤害，西部鳄梨卷叶蛾吃食果实的表面造成半圆形嚼痕（图4-22）；蛾类幼虫中，尺蠖对果实的伤害也很严重，被幼虫咬过的果实严重影响发育并造成落果（图4-23）；介壳虫也是为害鳄梨果实的重要有害生物，芭蕉蚧是其中一种，为害致使果皮出现淡色斑（图4-24）。

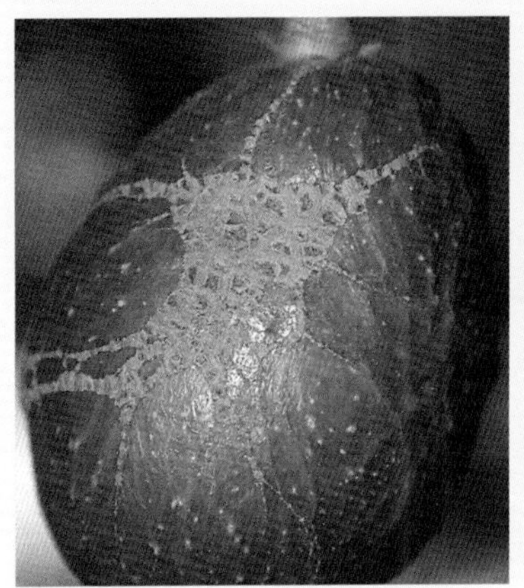
图4-18　受鳄梨蓟马为害果(Rosen提供)

图4-19　受鳄梨小爪螨为害果(Rosen提供)

图4-20　受高密度蓟马为害果(Rosen提供)

图4-21 受低密度鳄梨蓟马为害果(Rosen提供)

图4-22 受西部鳄梨卷叶蛾为害果(Rosen提供)

图4-23 受尺蠖为害幼果(Rosen提供)

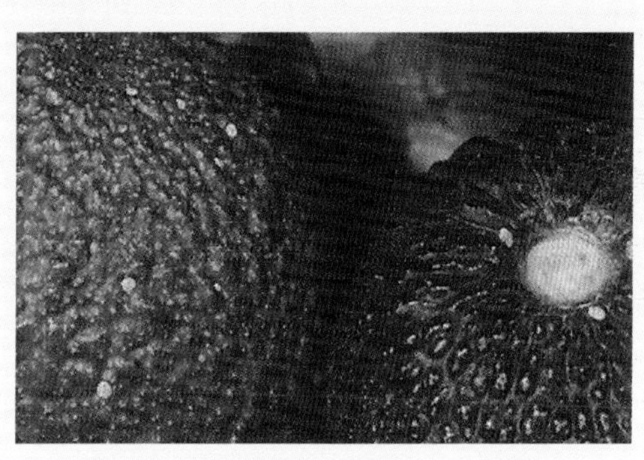

图4-24 受芭蕉蚧为害果(Rosen提供)

二、有害生物及其防治

（一）植物病害

1. 鳄梨炭疽病 *Colletotrichum gloeosporioides* Penz.

英文名：Anthracnose

（1）症状。一般果实成熟后发病，果熟前病斑直径不超过5毫米，圆形，轻微凹陷，棕色或黑色。发病条件适宜时，病斑扩展很快，凹陷明显，病斑中心出现辐射状开裂；最终病斑连片，出现粉红色分生孢子堆。随着果实逐渐成熟，病原菌能侵入果肉，造成黑绿色干腐。

此病是鳄梨的重要病害，主要为害成熟果实，也可侵染叶片、嫩枝、花及幼果；引起落果及果实腐烂，缩短货架期。

（2）病原。病原为*Colletotrichum gloeosporioides* Penz.，属半知菌类腔包纲真菌。

病原菌在PDA培养基上生长茂盛，初期菌落灰白色，后期黑灰色。分生孢子(7～20)微米×2.5微米，单孢透明，圆柱形或椭圆形（一端平齐，一端突起）。分生孢子盘形状不规则，初始透明，

后呈浅棕色，平均直径500微米，1～4个隔膜，针状，基部轻微膨大，顶端渐细。

病原菌为弱寄生菌，主要通过风、虫和其他病原物造成的伤口侵入。病原菌在未熟果上潜伏，果实成熟后发病。其孢子可以萌发形成侵染钉侵入果皮内1.5微米，然后保持静止，直到鳄梨成熟时，果皮内的抗真菌二烯由于脂氧合酶活性减弱而减少时，病原菌重新活跃侵入果实造成采果后腐烂。

（3）防治方法。清除果园内发病枝条，剪除病叶，消除传染源。果实采后尽早进行低温预处理和低温储藏。几乎所有鳄梨品种对该病原菌都敏感。防治的关键是尽量减少其他果实病害发生（尤其是尾孢斑点病）及避免果实运输中的机械损伤。

2. 鳄梨疮痂病*Sphaceloma perseae* Jenk.

（1）症状。受害果实初期产生轻微的圆形褐色疤状突起，后变褐色至浅紫色；果实成熟后，病斑联合，中心凹陷，果皮粗糙。该病害侵染果实后不影响其风味品质，但外观质量严重下降。在幼果期，如遇阴冷、潮湿天气，该病害则发生严重。还可为害叶片，受害叶片出现棕色斑点，叶片皱缩；病斑进一步发展呈星形，中心穿孔。叶片受害经常发生于树冠顶部，且病斑多在叶背纹理内，病斑小，离散不连续，不易观察。叶柄和小枝病斑卵圆形，容易和介壳虫造成的斑点混淆。不同品种对该病的敏感性存在较大差异。

（2）病原。病原为*Sphaceloma perseae* Jenk.，属半知菌类亚门痂圆孢属真菌。分生孢子(2～30)微米×(2～5)微米，卵圆形，单孢透明；在分生孢子梗上顶生或侧生，培养基质呈橄榄色至黄褐色。

病原菌可在茎叶病残体存活。高湿低温条件下，病菌易侵入嫩枝、嫩叶和果实，形成特殊的疮痂斑，并产生大量分生孢子。孢子通过风、雨、露水或昆虫传播。嫩叶易感病，老叶较抗病。

(3) 防治方法。剪除发病枝条以减少病原物。喷洒波尔多液或其他铜制杀菌剂。

3. 鳄梨斑枯病*Pseudocercospora purpurea* (Cooke) Deighton

异名：*Cercospora purpurea*

英文名：spot blotch of avocado

(1) 分布。南非、百慕大群岛和秘鲁等。

(2) 寄主。鳄梨斑枯病的主要寄主是鳄梨。此外，其还可为害银桦树、白千层属灌木(或乔木) 等。

(3) 症状。病原菌可侵染叶片、茎干和果实。侵染果实时，在其表面形成枯斑或导致表皮开裂，裂缝可引起炭疽菌侵染；侵染叶片时，首先在叶面出现2～5毫米大小的枯斑，此斑初褐色，后变为紫色，斑点扩展到叶片两面，形状不规则；严重时，枯斑连合形成较大枯斑。

(4) 病原。病原菌为*Pseudcercospora purpurea* (Cooke) Deighton.，属半知菌亚门尾孢属真菌。分生孢子(2～4.5)微米×(20～100)微米，倒棍棒状，浅橄榄色，1～9个隔，一端直、一端渐弯。分生孢子梗(3～4.5)微米×(20～200)微米，有隔，直立罕见分枝，轻微屈膝状弯曲，浅橄榄色至橄榄色。PDA培养基上，菌丝灰色，随后变为褐色至黑褐色。

(5) 为害特性。最初叶片受害，病菌通过伤口或直接侵入寄主组织，从下部叶片一直蔓延至上部叶片。在温暖湿润季节，病菌易产生大量分生孢子，孢子经风、雨、昆虫或灌溉水传播。果实受害时，可导致果实腐烂，成熟果比小果和近成熟果更易感病。

（6）生物学特性。该病害流行的适宜相对湿度是80%～100%，温度是22～26℃。果园内密封的环境和遮阳的果树常为该病的流行提供良好条件。该病原菌可通过雨水和风传播扩散(Senasa，2011)，蓟马在果实上为害造成的伤口，有利于病原菌的感染（Teliz，2000）。由于风吹或果实间碰撞，导致果实出现伤口，更利于病菌的侵染(Anonymous，1994a、1994b)。

（7）防治方法。该病可通过在花前、坐果期和采后，喷洒含铜杀菌剂进行防控。

4. 鳄梨小穴壳果腐病*Botryosphaeria* sp.

（1）症状。此病在果实采摘前，感病果实上的症状不明显，病斑小而浅。在果实采收软化后熟过程中症状变明显。初期果皮出现小而不规则的褐色至红色病斑，由于病菌侵入维管束，剥开果皮可以看到果肉出现褐色条纹；随后果蒂部出现紫褐色不规则形病斑。随着果实后熟，表皮病斑逐渐变长变黑并凹陷。果实皱缩，褐色果皮覆盖一层灰褐色的菌丝体和孢子，果实腐烂，流出褐色果肉和汁液，散发难闻气味。

（2）病原。病原菌为*Botryosphaeria* sp.，属子囊菌亚门葡萄座腔菌属，无性世代为小穴壳属真菌。病菌孢子在枯枝、枯叶、落果和茎上大量滋生，并随风雨传播，通过伤口和皮孔侵入果实。在果园潜伏侵染已经发生，症状在果实采收后熟时出现并逐步发展。

（3）防治方法。剪除病死枝梢，清除枯木和病果。选择晴朗天气采果。加强果树营养，减少其他病害的发生。

5. 鳄梨蒂腐病*Botryodiplodia theobromae* Pat

（1）症状。此病在果蒂首先感病，发病时果实蒂部周围出现轻微枯萎；随果实成熟，病菌侵入果实，围绕果蒂出现明显的黑色腐烂，病健部分界明显。并逐渐扩展至整个果实表面，病菌侵入果肉，引起组织变色、降解，散发难闻气味，从而降低果实品质。

（2）病原。病原菌较复杂，包括*Botrydiplodia theobromae*、*Botryosphaeria ribis*、*B．parva*、*B．dothidea*、*Dothiorella aromatica*、*Phomopsis perseae*、*Thyronectria pseudotrichia*、*Colletotrichum gloeosporioides*、*C．acutatum*等。

病菌孢子在枯叶、嫩叶、枝条上产生，随风雨传播。孢子潜伏在鳄梨茎内，从伤口或果蒂侵染果实。青果时，症状不明显；果实完熟时，发病症状明显。水分可促病菌侵染，较冷的储藏环境也会加速*Colletotrichum gloeosporioides*和*Phomopsis perseae*病菌的侵染。

（3）防治方法。病原菌可以存活在寄主病残体上，所以要及时清除传染源，避免园区内病残体积累。在果园较低部位浇水，可预防病菌向高处果实移动。消除水分可减少健康部位受侵染。在树下覆盖薄膜或杂草等可促使病残体加速分解。另外，避免阴雨天采收果实。

6. 鳄梨疫霉果腐病*Phytophthora citricola* Sawada

（1）分布。中国、日本、意大利、瑞士、德国、希腊、英国、以色列、阿根廷、加拿大、美国、南非、摩洛哥、新西兰、澳大利亚等地。

（2）寄主。鳄梨、柑橘、金鱼草、木槿、葎草、苹果等。

（3）症状。发病果病斑明显，黑色、圆形，病斑通常发生在果的底部或最底部处，果实的腐烂延伸到果肉，导致果肉的颜色发暗，与果实表面的腐果色泽相同。

通常在潮湿环境下或接触土壤和靠近地面枝条上的果容易染病，大多数感病果发生在离地面90厘米处，果实在采前和采后，均可因受疫霉菌感染而引起果实腐烂，还可导致茎溃疡和腐烂。感病果实常在近蒂部出现黑色圆形病斑，病菌可侵入果肉。

（4）病原。病原菌为*Phytophthora citricola*、*P. propagules*等，属鞭毛菌亚门卵菌纲疫霉属真菌。菌丝在CA培养基上，粗4～5微米。孢囊梗简单或假轴式分枝，粗约2微米，在靠近孢子囊基部稍粗。孢子囊卵形或长梨形，具半乳突，（34～64）微米×（23～44）微米，平均46.7微米×31.5微米，长宽比值为1.3～1.7，平均1.48，基部圆形，不脱落；萌发生芽管或游动孢子。游动孢子肾形，（12～14）微米×（9～10）微米。休止孢子球形，直径9～12微米，厚垣孢子未见。藏卵器球形，有时向柄部渐细而成漏斗形，外壁平滑，直径21～31（平均27.5）微米。雄器卵形或近球形，多侧生，罕围生，（7～12）微米×（7～10.5）微米，平均9.8微米×9.1微米。卵孢子球形，无色或稍带褐色，直径19～29（平均25.3）微米；壁厚1～1.5微米。该病在潮湿季节流行，疫霉孢子通过大雨或喷洒灌溉从土壤中进入果实。

（5）防治方法。由于病菌可从土表传到果实致其感病，据此在防控此病的措施方面，树枝离地面至少要有60～90厘米的距离，剔除枯枝和病果，清除地面落果。

7. 鳄梨煤烟病*Capnodium* sp.

英文名：Sooty mold

（1）症状。这是由黑色的霉菌引起的真菌病害，此病菌可发生在果实表面、叶片和茎。霉毛由刺吸昆虫吸食果汁诱发，这些昆虫包括软蚧和粉虱。煤污菌在果实上发生。感病果实、叶片和茎的表面覆盖大量黑色煤烟状菌丝和孢子，并生长在蜡蚧和粉虱分泌的蜜露上。

（2）病原。病原菌为*Capnodium* sp.，属子囊菌亚门煤炱属。煤烟病菌一般不能侵入果实为害，但能影响果实的外观品质。如果叶片覆盖了过厚的煤烟物，光合作用受到抑制，会造成叶片枯萎，提前脱落。

（3）防治方法。关键在于控制害虫，减少昆虫蜜露产生而导致果实造成污染。较好的方法是释放捕食性昆虫天敌进行生物防治。

8. 鳄梨日灼病毒病Avocado sunblotch voroid（ASBVd）

英文名：Sunblotch

鳄梨日灼病最初被认为是一种生理性或遗传病变，1941年被证实可以通过嫁接传染，是一种病毒病。20世纪70年代末，通过大量研究明确病原是一种类病毒，即鳄梨日灼类病毒(Avocado sunblotch voroid，ASBVd)，为247个核苷酸的单链环状RNA分子。

（1）寄主范围。ASBVd 在自然界仅侵染鳄梨，人工接种可感染*Persea schiedeana*，锡兰肉桂*Cinnamomum zeylanicum*，樟树*C.camphora*和*Ocotea bullata*。

（2）地理分布。澳大利亚、以色列、美国和南非等地。

（3）症状。染病植株抽出的新梢在茎上有特征性的黄色条纹，同时侧梢出现褪绿。果实表面有黄色、黄绿色或粉红色的凹陷。在叶片上最明显的症状是在叶中脉或其他维管束组织有缺绿斑块，偶

尔在病叶上有斑纹。病叶经常出现扭曲和畸形。在田间，染病植株表现蔓生（Sprawling），生长缓慢，使得它能与健康植株区别。已经恢复的或隐症带毒树不表现上述这些症状。某些鳄梨品种在染病树干表面出现褐色和裂缝。

品种、环境状况、寄主组织携带病毒数量、病毒株系等都会影响症状表现。有些植株即使携带大量病毒仍不显症，只有产量剧烈减少才能间接表明植株可能感染了该病毒。

（4）病原。此病的病原为类病毒，即鳄梨日灼类病毒(Avocado sunblotch voroid，ASBVd)，为247个核苷酸的单链环状RNA分子。

（5）传播途径。

①嫁接传播。ASBVd能通过病树的芽、接穗、茎段或叶脉嫁接传播。自然界通过根之间的嫁接传播亦有发生。嫁接后症状出现需要6个月至2年时间。

②机械传播。ASBVd能通过刀片切割传播，但不能通过常规的摩擦接种传播。接种后通常要10～22个月才表现症状。

③种子传播。ASBVd能通过种子传播，种传率为5%～100%。专家观察发现恢复正常的病树和隐症带毒树的种子带毒率特别高。

④花粉传播。ASBVd能通过花粉传播，花粉带毒率为1%～4%。不管是显症病树还是隐症带毒树的花粉均能带毒，尚未发现有昆虫传播此病的事例。

（6）防治方法。由于ASBVd通过种子、苗木及修剪工具传播，未发现昆虫介体，且许多品种是隐症带毒。因此，最根本的防控措施是加强检疫，生产和种植无病苗木。可用5%漂白粉液、1:1的2%NaOH和2%福尔马林或6%H_2O_2混合液处理修剪工具，有防止病毒蔓延的作用。

9. 鳄梨日灼伤果病

症状。树皮、果实和叶片受阳光直晒，组织由于过度干燥和暴晒受到伤害。受害果实出现浅黄色斑点，中心变成黑色、棕色或红色，然后坏死或萎蔫。受害叶片首先变色，后形成坏死斑；受害嫩枝开裂、变色，表面变粗糙，呈紫色。严重时，主干和枝条树皮脱落，新生组织褪色，死亡。

果树落叶，果实直晒时，或之前有遮阳物的果树多发生日晒病。遮阳物导致果树产生不健康根系或缺乏灌溉水是这类果树对日晒敏感的主要原因。

10. 鳄梨毛色二孢果腐病*Lasiodiplodia theobromae* (Pat.) Griffon & Maubl. (1909)

（1）寄主范围。香蕉、荔枝、龙眼、芒果、菠萝、番石榴、番荔枝、番木瓜、莲雾、木菠萝、椰子、鳄梨、柑橘、桃树、猕猴桃、蓝莓、哈密瓜、石榴、白榄、柿、澳洲胡桃、人心果、西瓜、花生、甘薯、黄山栾树、桉树、橡胶木、桑树、葡萄(*Vitis vinifera*)、肉桂、大叶伞(*Schefflera actinophylla*)、高良姜、叶桐、红厚壳、木姜子、竹、鹅观草、苏木（*Caesalpinia sappan*）、猴面包树(*Adansonia digitata*）。

（2）地理分布。中国、日本、韩国、马来西亚、印度、巴基斯坦、伊朗、越南、意大利、西班牙、巴西、秘鲁、阿根廷、美国、波多黎各、墨西哥、苏丹、尼日利亚、埃及。

（3）病症。叶片枯萎、枯梢、枝枯、枝干溃疡、流胶、根腐，严重时全株枯死。病果从果柄处开始腐烂，并出现不规则软腐，病斑边缘呈黑色。病斑内部软腐，变褐。

意大利报道毛色二孢侵染采后鳄梨引起果腐病是欧洲首次报道。美国、南非、以色列曾报道毛色二孢侵染采后鳄梨果实。

(4) 病原。病原菌为毛色二孢。从病果组织取样，置于PDA培养基，于21～25℃、光／暗条件下培养，菌落最初为白色，后逐渐变为灰色到黑色。成熟菌丝体具隔膜且着色较深。用燕麦琼脂培养该菌，于21～25℃、光／暗条件下培养，菌落呈灰色，气生菌丝体蓬松，颜色逐渐变为黑色。分生孢子最初为单细胞，无色透明，粒状，卵圆形到圆形，大小为（20.8～26.9）微米×（12.5～16.1）微米(平均24.4微米×13.5微米)。7天后，成熟分生孢子变黑色，单隔膜，纵向具条纹。侧丝细胞透明，圆柱体形，无隔膜，63微米长。从PDA培养基培养得到的菌丝盘取样，涂抹于经过消毒的鳄梨表面，并设立阴性对照。所有处理过的果实均于(15±1)℃条件下培养。接种4天后，出现症状；7天后，软腐病斑明显，从病部组织持续分离到毛色二孢。

11. 鳄梨皱缩腐烂病*Botryosphaeria* and *Fusicoccum* spp.

英文名：Dothiorella Fruit Rot

(1) 症状。此病菌可以感染植株地面以上任何部分，树上果发病通常不明显，果小，病菌在果实不断发展；果过熟，果死在枝上或脱落到地面。病症在收获后开始直至果实变软这段时间发病，此时果开始皱缩变小，果皮色泽变褐色到淡红色，皮下可见纵向的褐色条纹，同时在果实上出现小型的紫褐色的斑，这些斑大多出现在茎端，随后病斑扩大，有灰褐色真菌覆盖果实，出现水腐。病菌孢子可通过风雨传播（图4-25、图4-26）。

(2) 病原。病原菌为*Botryosphaeria* and *Fusicoccum* spp.。

图4-25 鳄梨皱缩腐烂病树上的病果(引自David Rosen)

图4-26 鳄梨皱缩腐烂病落地病果(引自David Rosen)

12. 果柄端腐病*Alternaria* sp.

英文名：Stem End Rot

(1) 症状。发病初期，在果柄底部周围略现皱缩，很容易发现菌丝，出现明显的暗色腐烂症状，如果果实成熟，可导致全果腐烂，甚至腐果发水。

(2) 病原。多种微生物可引起果柄端腐病，包括真菌*Botryodiplodia theobromae*和其他真菌，包括*Alternaria*和*Phomopsis*引起的果腐。

此病由多种细菌和真菌所引起，在果实收获期间最容易受到感染，收获后腐果在包装和装运时容易发病。

（3）防除措施。清洁果园，清除腐果和老果，注意果实收获时应在干爽时间操作，在树叶或果实潮湿时避免摘果，降低果实受病菌的感染。收获后的果实，置于冷藏库中储藏，降低果实发病率。

（二）昆虫和螨类

1. 花蓟马*Frankliniella intonsa* (Trybom)

（1）形态特征。

①雌虫。体长约1.4毫米。体棕色，头、胸稍淡，前足股节端部和胫节淡棕色。触角节3～4以及基半部黄色，1～2和6～8节棕色。前翅淡黄色。腹部1～7节前缘线暗棕色。体鬃和翅鬃暗棕色。

头长97微米，宽163～170微米。颊后部窄。头顶前缘仅中央突出。背片在眼后有横纹。复眼长63微米，前单眼前鬃和前外侧鬃长约26微米，单眼间鬃较粗，长49微米，在后单眼前内方，位于前、后单眼中心连线上。眼后鬃仅复眼后鬃3较长而粗，其他均细小，长：单眼后鬃15微米，复眼后鬃内节Ⅰ12微米，节Ⅱ10微米，节Ⅲ26微米，节Ⅳ为17微米。触角8节，较粗，节Ⅴ有梗，节Ⅲ～Ⅴ基部较细，节Ⅲ～Ⅳ端部略细缩；各节长（宽）：节Ⅰ24（32）微米，节Ⅱ41（29）微米，节Ⅲ61（24）微米，节Ⅳ56（22）微米，节Ⅴ41（22）微米，节Ⅵ55（22）微米，节Ⅶ9（7）微米，节Ⅷ17（5）微米。总长304微米，节Ⅲ长为宽2.54倍。节Ⅲ和节Ⅳ叉状感觉锥臂长32微米和24微米，口锥长151微米，宽：基部136微米，中部97微米，端部49微米；下颚须长：节Ⅰ（基节）10微米，节Ⅱ10微米，节Ⅲ24微米。

前胸长156微米，宽209微米，背片横线纹弱，中部更模糊。背片鬃10根。前缘鬃4对，内2对长；后缘鬃5对，内2对较长，长鬃长：前缘鬃53微米，前角鬃61微米，后角外鬃90微米，内鬃88微米，后缘鬃51微米，其他各鬃长7～19微米，羊齿内端细，互相接触。中胸盾片布满细横纹，鬃长：前外鬃44微米，中后鬃和后缘鬃（均在后缘稍前，较细）19～24微米，后胸盾片前部为横线，约3条，其后为网纹，两侧为纵纹；前缘鬃较细，长34微米，间距63微米，在前缘上；前中鬃较粗，长68微米，间距39微米，靠近前缘；亮孔（钟感器）缺。前翅长977微米。宽：基部107微米、中部78微米、近端部44微米，前缘鬃27根；前缘鬃均匀排列，21根；后缘鬃18根。中部鬃长：前缘鬃73微米，前脉鬃54微米，后脉鬃63微米，中胸内叉骨刺长度大于叉骨宽。

腹部节Ⅰ背片布满横纹，节Ⅱ～Ⅷ背片仅两侧有横纹；腹片也有横纹，节Ⅴ～Ⅷ背片两侧微弯梳清楚。节Ⅴ背片长97微米，宽316微米；中对鬃间距60微米，在背片中横线稍后，位于无鬃孔内侧方；鬃长：内1对（中对鬃）和对Ⅱ10微米，对Ⅲ28微米，对Ⅳ（后缘上）58微米，对Ⅴ49微米，对Ⅵ（后缘上）61微米。对Ⅷ背片后缘梳完整，梳毛基部略微三角形，梳毛稀疏而小。节Ⅸ背片长鬃长：背中鬃126微米，中侧鬃139微米，侧鬃139微米，侧鬃143微米。节Ⅹ背片鬃长139微米和129微米。腹片仅有后缘鬃，节Ⅱ2对，节Ⅲ～Ⅶ3对，除节Ⅶ中对鬃略微在后缘之前外，均着生于后缘上。

②雄虫。相似于雌虫，但小而黄。节Ⅹ背片鬃几乎为一横列，各鬃长：内对Ⅰ34微米，对Ⅱ7微米，对Ⅲ19微米，对Ⅳ17微米，对Ⅴ80微米（很粗）。侧鬃长59微米（亦粗）。节Ⅹ内对鬃细，长75微米，外对很粗，长90微米，腹片节Ⅲ～Ⅶ有近似哑铃形腺域，节Ⅴ的中央长15微米，两端长17微米，宽61微米（图4-27）。

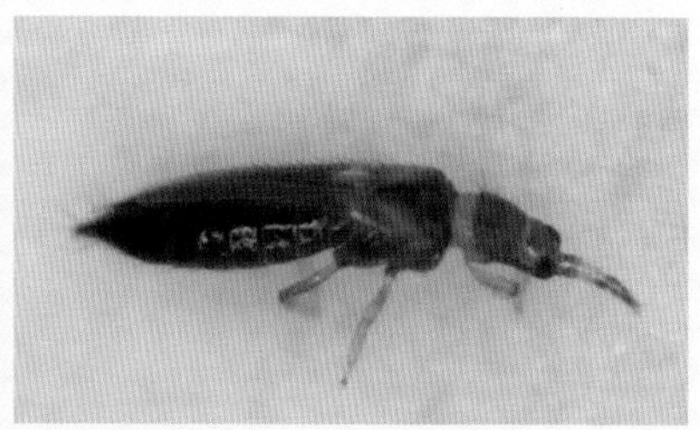

图4-27 花蓟马成虫（梁帆提供）

③2龄若虫。触角第3节和第4节上有微毛。体鬃端部略钝。

（2）寄主。此种蓟马采自鳄梨的花丛，此虫可为害多种蔬菜和水果，据报道，蓟马有很强的趋花性，栖于许多植物花内，能帮助植物传播花粉。但群体数量很大时，也能对植物造成损害。

2. 鳄梨蓟马*Scirtothrips perseae* Nakahara

英文名：Avocado Thrips

（1）地理分布。美国、墨西哥及中美洲地区。

（2）寄主。鳄梨。

（3）形态特征及生物学特性。鳄梨蓟马卵黄白色，成虫产卵于叶下方，产于幼果和果柄，在其生命周期中，经历2个若虫期，前蛹期和蛹期，1龄若虫白色到淡黄色，2龄期体形增大，亮黄色；幼龄虫多发现于嫩叶下侧靠主脉处和幼果表面的任何部位。成虫体长约0.7毫米，体色橙黄，腹部节间有清晰的、细小的褐色带，头顶部有3红点。在叶片上多见的是成虫和2龄若虫，当叶丛出现淡红色，很快就扩展（图4-28、图4-29）。

鳄梨蓟马吸食嫩叶并产卵其中，当叶片变硬后，蓟马则转移到幼果为害，在美国加利福尼亚州鳄梨生产区发现，受蓟马为害的果其长度通常在5～15毫米，哈斯品种的果实在5厘米左右长度前对

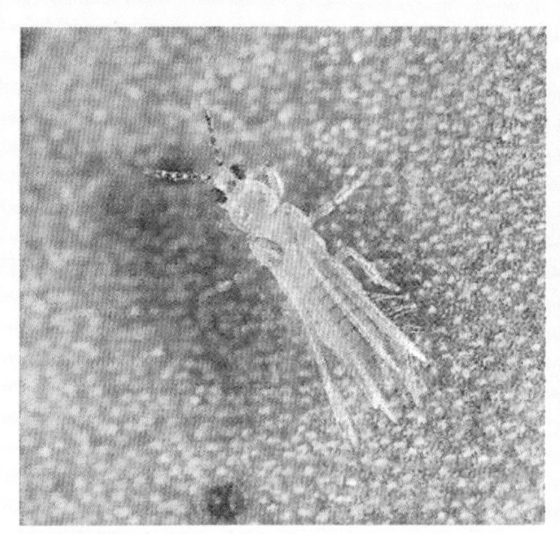

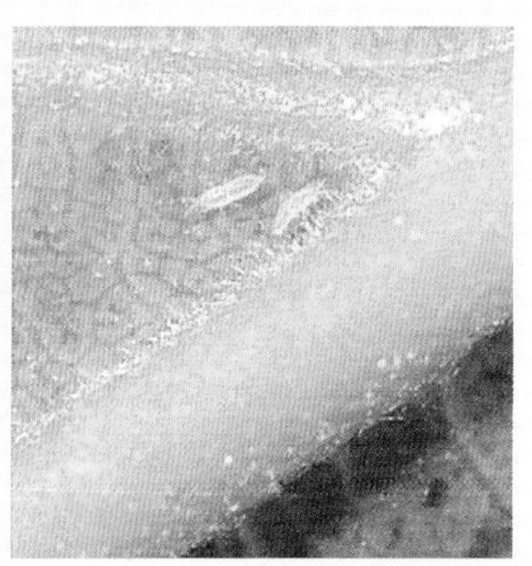

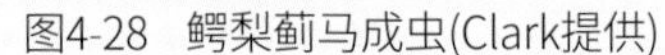

图4-28 鳄梨蓟马成虫(Clark提供)　　图4-29 鳄梨蓟马若虫(Clark提供)

蓟马的为害比较敏感，果实上产生一些花斑。

鳄梨蓟马是美国加利福尼亚州鳄梨生产的重要害虫，此虫取食嫩叶和幼果，取食幼叶、叶背和叶面，并可造成青铜色不规则花纹，叶片沿中脉和侧脉褪色，在叶脉间出现分散的斑纹，严重时会造成落叶。随着果实的成长，受害果会出现褐色革质疤痕并在果皮横向扩展，蓟马的为害状，有时被称之为“鳄鱼皮”，但有时果实受机械损伤所造成的症状，往往与蓟马为害状混淆。

鳄梨蓟马喜凉爽的气候条件，适宜发生在中美洲和墨西哥，在冬春季节，虫口密度发展迅速，春末夏初温度上升，蓟马则从嫩叶转移为害幼果。此虫每年可发生6代以上，从卵到成虫在18～24℃温度下，经历20～30天的时间。

(4) 防治方法。清洁果园，铲除杂草，采用生物防治等措施。

3. 新西兰花蓟马*Thrips obscuratus* (Crawford)

英文名：The New Zealand flower thrips

(1) 分布。新西兰等。

（2）寄主。新西兰花蓟马的寄主植物，除鳄梨外，还有芦笋*Asparagus officinalis* (asparagus)、辣椒 *Capsicum*(peppers)、杏*Prunus armeniaca* (apricot)和桃*Prunus persica* (peach)等。

新西兰花蓟马以为害花为主，但当种群密度大时，可侵染果柄。其捕食性天敌有*Spilomena elegantula*和*Neoseiulus cucumeris*。

（3）形态特征。

①雌虫。色暗褐，具单眼，稀有退化；跗节和前足胫节内缘色淡；触角第3节基部黄色；大鬃色暗；前翅长200微米，第1脉约具鬃7根；后胸背板斑纹多变，有时出现很宽且不规则线纹，总体色淡但有1/3隐藏部分除外。腹板至少有10鬃；第2腹板有3对后缘鬃。

②雄虫。与雌虫近似，但体较小，前翅较大（240微米）；腹板第3～7节具很宽的卵形腺区。

（4）生物学特性。新西兰花蓟马是核果类水果上的重要害虫之一。其成虫通常在花上发现，但也常见于树叶和果实。该虫主要进行孤雌生殖，偶有两性生殖。花蓟马成虫、卵和幼虫在桃子、油桃和杏子都常见。新西兰花蓟马喜欢温暖、干旱的天气，其适温为23～28℃，适宜空气湿度为40%～70%；湿度过大不能存活，当湿度达到100%，温度达31℃时，若虫全部死亡。大雨后或浇水后致使土壤板结，使若虫不能入土化蛹或蛹不能孵化成虫。

此虫远距离扩散主要依靠人为因素如种苗、花卉调运以及人工携带等，在运销途中即使遭遇不适的温度、湿度等劣境，到埠后仍能存活并保持相当的活力，经过短暂的潜伏期后，就能在入侵地迅速适应成为当地的重要害虫，造成农作物严重损失。

4. 苜蓿波瘿蚊*Asphondylia websteri* Felt

英文名：alfafa gall midge

(1) 地理分布。危地马拉、墨西哥、洪都拉斯、多米尼加共和国及美国南部。

(2) 寄主。鳄梨（哈斯品种）、油蜡树科（Simm ondsiaceae）及多种豆科（Fabaceae）植物［包括紫苜蓿（*Medicago sativa*）］、瓜儿豆（*Cyamopsis tetragonoloba*），某种含羞草属植物（*Mimosa* sp.）和多种扁柚木属植物（*Parkinsonia* spp.）。

(3) 形态特征。成虫虫体棕黄色。雌雄虫体长为2.25毫米左右。

①头部。下颚须3节。触角具12个鞭小节，第1和第2鞭小节融合，雌虫第8～12鞭小节明显逐渐缩短；鞭小节单结型，结部呈圆柱状，雄虫结部具两圈发达且扭曲相连并紧贴表面的波浪状横向环丝，其间有4条相同的纵向环丝相连，而雌虫结部具两圈不发达的横向带状环丝，其间有2条相同的纵向环丝相连，雌雄颈部均相对结部极短。

②胸部。翅透明；R_1脉在翅基部1/2靠前处与C脉汇合；R_5脉其后1/3略向下弯曲；在翅端处与C脉汇合；M_3脉微弱、几乎不可见；Cu脉分叉。各足第1跗节腹面具端刺，且各足端跗节爪均不具基齿，其爪间突与爪等长。

③雄虫生殖节。抱器基节粗壮，背腹面极度延长而明显超出背面,使抱器端节着生于抱器基节背面近端部，中基瓣不明显；抱器端节球状，端部具1对骨化强烈且基部融合的锥状齿；尾须分两瓣，瓣间深凹；肛下板约与尾须等长，其端缘中央微凹从而形成2个背腹面呈近三角形的小瓣；阳茎明显短于抱器基节，锥状。

④雌虫生殖节。产卵器极长，可伸缩，其基半部呈筒状，端半部骨化呈针状。第7腹节腹板明显长于其背板和第6腹节腹板；第8腹节背板侧缘具V形凹槽，其端缘分2瓣。

（4）生物学特性。苜蓿波瘿蚊雌性成虫将卵产在鳄梨花内；卵孵化出幼虫；幼虫取食子房，并在后来形成的幼果内发育为老熟幼虫，最终在果实内化蛹，同时导致幼果变形呈长卵圆状并略呈红色；蛹在适当时间从果实中钻出，羽化成虫并进行交配，每头雌虫通常在一朵鳄梨花上仅产一枚卵，因而虫瘿内一般只有1头幼虫或蛹。通常情况下，受侵害的鳄梨果实将在苜蓿波瘿蚊羽化后脱离枝头。苜蓿波瘿蚊在危地马拉通常一年2代，主要为害次花期后的幼果。苜蓿波瘿蚊为害其他寄主的生物学特点与为害鳄梨相似。

（5）为害特点。受苜蓿波瘿蚊幼虫为害的鳄梨果实长度一般小于2厘米，相对正常果实明显较小，通常提前落果，且在幼虫为害鳄梨初期不易被发现。在12月至次年2月间主花期后的幼果感染率通常低于5%，而8～9月次花期后的幼果感染率却上升至21%～85%。由于鳄梨幼果无法形成正常果实，因而严重降低果实产量。苜蓿波瘿蚊对于其他寄主的为害与鳄梨基本类似，主要为害花和幼果，影响寄主植物产蜜或种子和果实的形成。

（6）扩散方式。苜蓿波瘿蚊成虫通常不具长距离迁移能力，主要以生活于寄主花和果实内的幼虫和蛹随寄主进行远距离传播。

（7）国外防治研究。目前尚无针对苜蓿波瘿蚊为害鳄梨的相关防治研究，且已知广谱杀虫剂对苜蓿波瘿蚊无明显效果。因此，可以考虑的防治措施只有在该虫羽化交配期间，防止雌虫产卵于鳄梨花内。苜蓿波瘿蚊已知有近10种寄食性天敌和1种捕食性天敌，均属于膜翅目且已鉴定到属种，但相关的生物防治研究尚未开展。

5. 鳄梨布瘿蚊*Bruggmanniella perseae* Gagné

英文名：avocado ovary gall midge

(1) 地理分布。哥伦比亚和哥斯达黎加。

(2) 寄主。寄主仅为鳄梨。

(3) 形态特征。成虫虫体棕色。雄虫翅长为2.4～3.1毫米，雌虫翅长为2.5～3毫米。

①头部。下颚须3节。触角具12个鞭小节，第1和第2鞭小节融合；鞭小节单结形，结部呈长圆柱状，雄虫结部具两圈发达的扭曲相连并紧贴表面的波浪状横向环丝，其间有4条相同的纵向环丝相连，而雌虫结部具两圈不发达的横向带状环丝，其间有2条相同的纵向环丝相连，雌雄颈部均相对结部极短。

②胸部。翅透明；R_1脉在翅基部1/2靠前处与C脉汇合；R_5脉其后1/3略向下弯曲，在翅端处与C脉汇合；M_3脉微弱、几乎不可见；Cu脉分叉。各足第1跗节腹面具端刺，且各足端跗节爪均不具基齿，其爪间突与爪等长。

③雄虫生殖节。抱器基节粗壮，背腹两面均着生稀疏的长刚毛，其背腹面等长而使抱器端节着生于抱器基节端部，中基瓣膨大发达、呈圆突状；抱器端节椭球状，端部具一对骨化强烈且相互分开的锥状齿；尾须分2瓣，瓣间宽阔深凹；肛下板约与尾须等长，分为2个指状瓣，瓣间U形凹陷；阳茎短于抱器基节，长圆柱状，端缘圆。

④雌虫生殖节。产卵器较长，可伸缩，其端半部骨化呈针状。第7腹节腹板长为第6腹节腹板的2.3倍（图4-30）。

(4) 生物学特性。鳄梨布瘿蚊雌性成虫将一枚卵产在一朵鳄梨

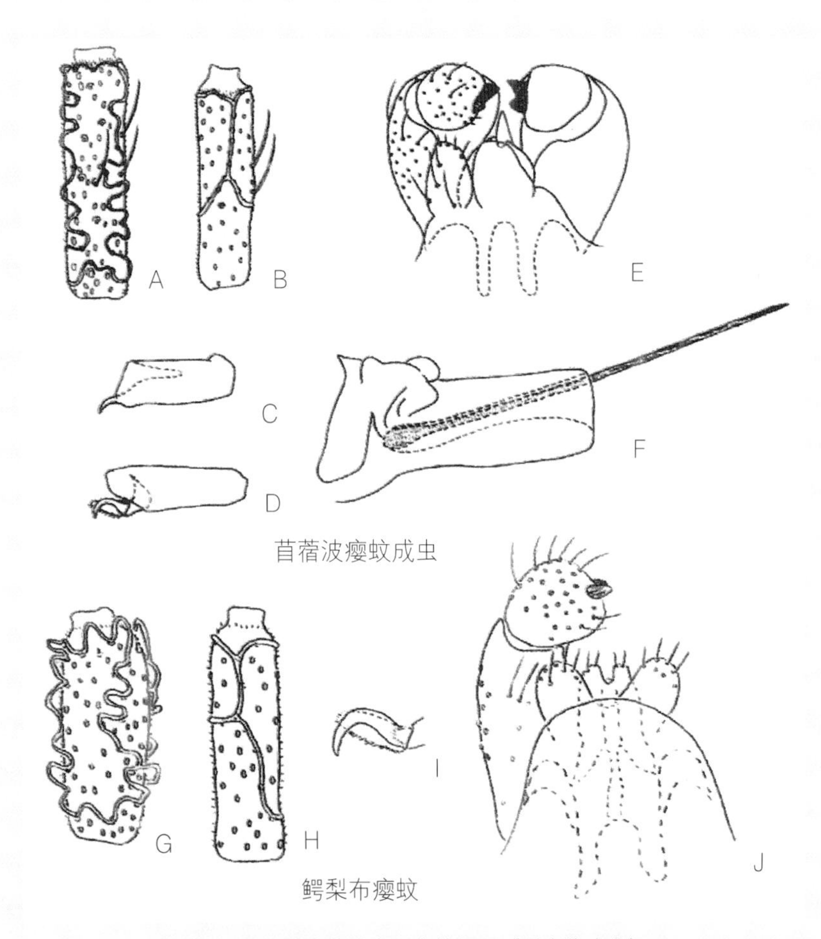

图4-30　两种瘿蚊成虫形态特征图（引自焦克龙）

注：A. 雄虫第3鞭小节；B. 雌虫第3鞭小节；C. 第1跗节（侧面观）；D. 第5跗节及跗节爪（侧面观）；E. 雄虫外生殖节（背面观）；F. 雌虫产卵器（侧面观）；G. 雄虫第3鞭小节；H. 雌虫第3鞭小节；I. 雄虫跗节爪（侧面观）；J. 雄虫外生殖节（背面观，一侧生殖肢移去）。

花的子房内；卵孵化出幼虫；幼虫取食子房，并在后来形成的幼果内发育为老熟幼虫；最终在果瘿内化蛹，同时导致幼果变形呈长黄瓜状，而在幼虫取食过程中，虫室内一部分区域通常生长有共生菌的白色菌丝；蛹在适当时间从果实中钻出，羽化为成虫并进行交配。通常情况下，鳄梨布瘿蚊羽化后不久受其为害的鳄梨果实将落地。鳄梨布瘿蚊在哥斯达黎加经专家推断为1年1代。

（5）为害特点。鳄梨布瘿蚊的为害特点与苜蓿波瘿蚊蚊相似，受为害的鳄梨果实长度一般也小于2 厘米，相对正常果实亦明显较小。在哥伦比亚和哥斯达黎加，鳄梨布瘿蚊是一种严重为害鳄梨果实的经济害虫（图4-31）。

苜蓿波瘿蚊幼虫为害鳄梨果实

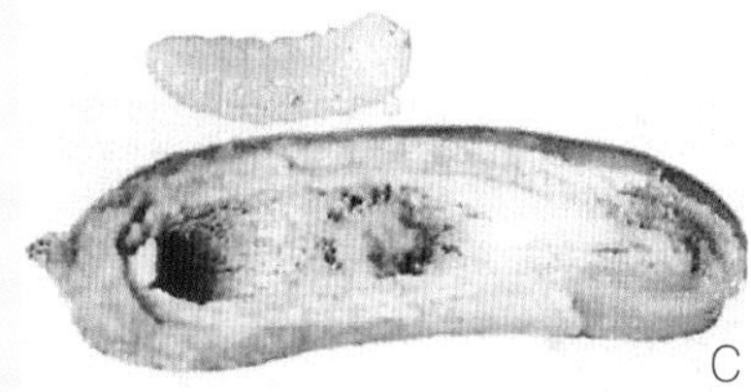

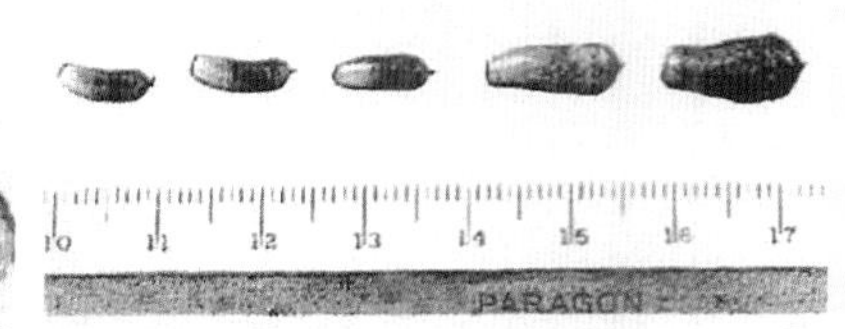

鳄梨布瘿蚊幼虫为害鳄梨果实

图4-31　两种瘿蚊幼虫为害状

注：A. 正常果实（上）与受害果实（下）；B. 三对正常果实（左）与受害果实（右）；C. 幼虫及其果瘿中剖开的虫室；D. 受害幼果（左三）与同期的正常果实（右二）。

（6）扩散方式。鳄梨布瘿蚊成虫不具长距离迁移能力，主要以

生活于鳄梨子房和果实内的幼虫和蛹随寄主进行远距离传播。

(7) 国外已有防治研究。鳄梨布瘿蚊与苜蓿波瘿蚊生活史相似，其未成熟阶段均生活在鳄梨子房和果实内。因此，普通化学药剂的喷洒难以起效，且由于其为害初期难以发现，增加了人工摘除受害鳄梨子房和幼果的难度，因而只能在该虫羽化、交配和产卵期间进行防治。鳄梨布瘿蚊已知有一种隶属于姬小蜂科（Eulophidae）的寄生蜂，但未鉴定到属种，相关的生物防治研究也未开展。

6. 鳄梨织蛾 *Stenoma catenifer* Walsingham

英文名：seed moth

(1) 地理分布。成虫将卵产于果实中，以幼虫蛀入果实，为害果核中的种子。该害虫在秘鲁有发生分布。据秘鲁研究报道，鳄梨织蛾主要发生在秘鲁亚马逊地区。

(2) 为害情况。鳄梨织蛾是鳄梨上重要的害虫之一，是蛀果害虫，成虫将卵产于果实中，以幼虫蛀入果实，为害果核中的种子，其幼虫还可为害芽端和树枝，但成虫偏好于绿色鳄梨幼果。鳄梨受害后，常不能正常成熟，导致落果或失去商业价值。据报道，在秘鲁某些地区，鳄梨受害率可高达94%，为了消减该虫的为害，每个季度需使用多达14次的农药。

7. 西部鳄梨卷蛾*Amorbia cuneana* (Walsingham)

英文名：Amorbia or Western Avocado Leafroller

(1) 地理分布。美国。

(2) 寄主。鳄梨、柑橘。

(3) 为害及其生物学特性。西部鳄梨卷蛾为卷蛾科（Tortricidae），成虫静止时两翅互叠成钟罩形，前翅色泽有异，典型的为橙色到带褐色并具暗色斑（图4-32）；成虫体长约2.5厘米，每头雌虫在其2～3周的生命周期中，可产卵150～200粒；卵淡绿色，卵圆形，卵大多产于叶片的上表面。幼虫体长1.8～2.5厘米（图4-33和图4-34）。蛹长1.2～1.9厘米，初为淡绿色，随后逐渐转为褐色；卵经过2周时间孵化。鳄梨卷叶蛾的发育，从卵到成虫，在平均温度为24℃的环境下，需时约1.5个月（45天），在温暖地区，此虫一年约发生3代。

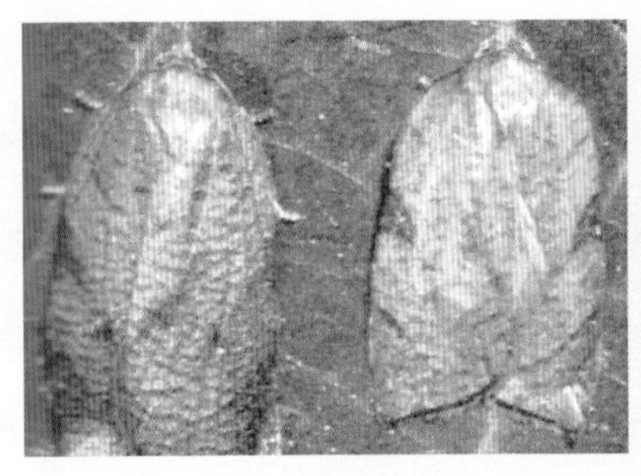

图4-32 西部鳄梨卷蛾成虫(引自Badgley)

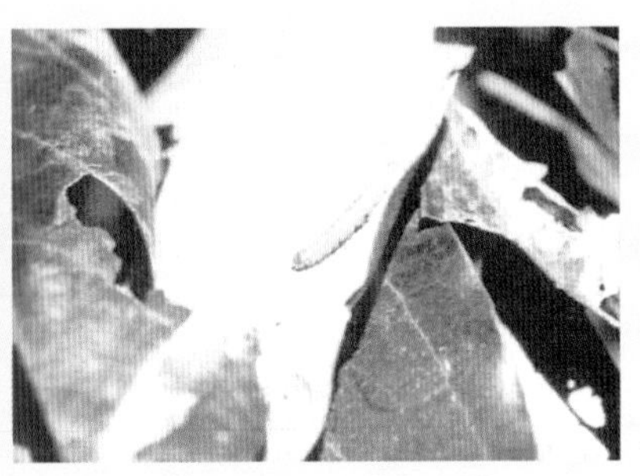

图4-33 西部鳄梨卷蛾幼虫(引自Badgley)

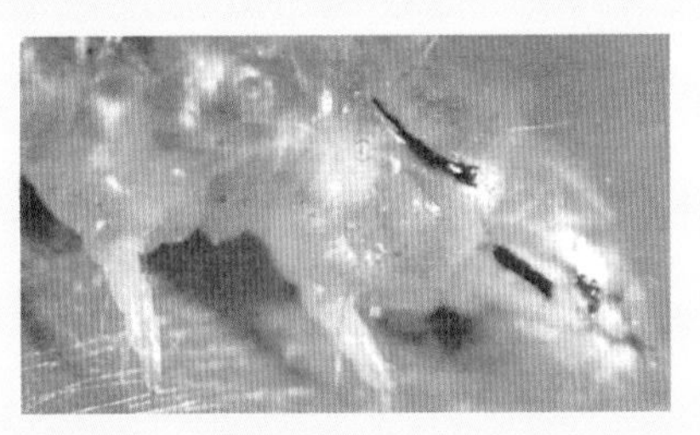

图4-34 末龄幼虫特征 (引自Clark)

鳄梨卷蛾是一种为害鳄梨的害虫，在美国加利福尼亚州大部地区发生，对鳄梨造成严重为害。此虫的幼虫在鳄梨树叶片表面为害，食叶肉留下叶脉，老熟幼虫卷叶，通常吐丝结网，在其中取食。幼虫往往将鳄梨树叶和鳄梨果同时网结在一起，伤害果实表

皮，降低果实的品质。

(4) 防治方法。采用诱捕方法捕杀成虫，利用天敌捕捉。

8. 鳄梨橙卷蛾*Argyrotaenia citrana* (Fernald)

英文名：Orange Tortrix

(1) 地理分布。美国。

(2) 寄主。鳄梨、柑橘、葡萄及草莓等。

(3) 为害及其生物学特性。大多数幼虫吐丝结网，并在其中取食为害，幼龄幼虫可为害花，还可取食嫩绿树皮和小枝，取食果实，在果的茎端吃食并引起落果。鳄梨橙卷蛾成虫体长约1厘米（图4-35），雌成虫在幼叶表面、嫩绿小枝或青果上产卵。卵淡绿色、扁平，卵圆形，表面上有精致的网纹。每卵块约有卵150粒，卵经过9天孵化。幼虫通常单个在枝条上取食，或在网中群食，幼虫有5～7个龄期，经40天以上的时间发育，幼虫孵化初期体长约0.21厘米，老熟时体长约1.31厘米；幼虫体褐色，头部和胸部色淡，但体色多变，有时呈暗灰色、淡绿色或褐色（图4-36）。幼虫在结网卷叶中化蛹，成虫羽化期受温度影响1～3周，每年发生2～4代。

图4-35　鳄梨橙卷蛾成虫(引自Clark)

图4-36　鳄梨橙卷蛾幼虫(引自Clark)

（4）防治方法。由于此虫有许多杂草寄主，因此，清除鳄梨树周边的杂草很有必要。可利用蜂类进行生物防治，捕食幼虫。

9. 新西兰发生鳄梨卷蛾类害虫

新西兰鳄梨上发生为害的卷蛾类害虫共有4种。他们分别是：新西兰卷叶蛾*Cnephasia jactatana* Walker（图4-37）、褐头卷叶蛾*Ctenopseustis obliquana*（Walker)（图4-38）、苹淡褐卷蛾*Epiphyas postvittana*（Walker)（图4-39）、绿头卷蛾*Planotortrix excessana*（Walker)（图4-40）。除苹淡褐卷蛾外（为澳大利亚种），其他都是新西兰本地种。上述害虫具有类似的生物学特性。

卷蛾类害虫主要分布于新西兰北部岛屿和南部岛屿的西海

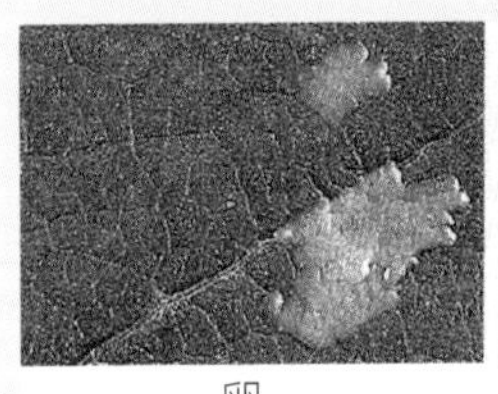

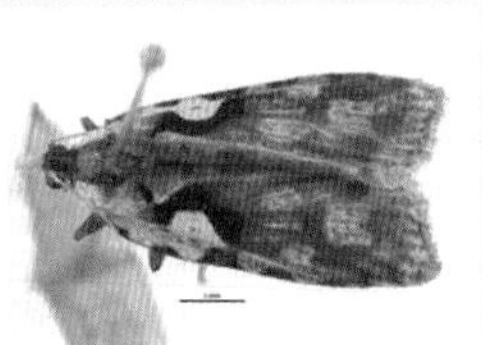

卵 蛹 成虫

图4-37 新西兰卷叶蛾

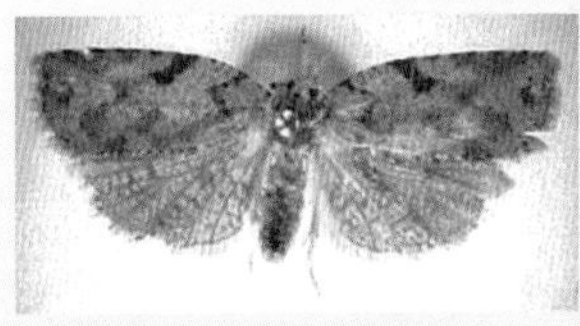
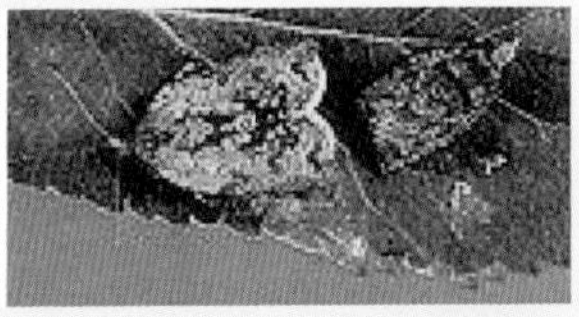

图4-38 褐头卷叶蛾

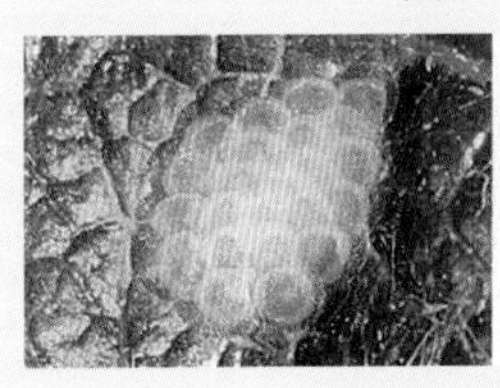

图4-39 苹淡褐卷蛾卵和成虫

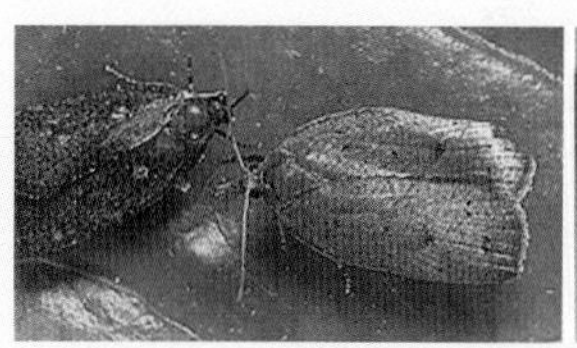

图4-40　绿头卷蛾成虫

岸。该类害虫是杂食性害虫，如褐头卷叶蛾，寄主超过100个种类，主要为害寄主植物的叶片、嫩芽和果实，是新西兰重要的果树害虫。该虫主要寄主包括鳄梨、苹果、柿子、杏、桃、李、葡萄等。

卷蛾类害虫以幼虫在土层、落叶或有时在树皮下越冬。老熟幼虫化蛹时间大约在春末夏初。在新西兰南部，斜纹卷蛾每年可发生2个世代，在11月中旬开始羽化，并在12月至翌年1月开始扩散。雄虫羽化时间稍早于雌虫，第2代的羽化时间为2～5月。在新西兰北部地区，每年可发生3～4个世代。越冬的世代在12月前完成羽化，第2世代成虫发生在1～3月上旬，并且与第3或第4世代成虫在7月发生重叠。雌虫一般只交配1次并且通常在次日产卵，在数日后达到产卵高峰。当温度在20℃左右时，卵期为3～4周，孵化和幼虫扩散到叶片下表面取食，幼虫逐渐发育后主要通过卷叶取食为害。当温度在20℃左右时，幼虫完全发育时间大约为30天，幼虫的发育起始温度大约在4.8℃。

（1）传播途径。主要以幼虫和卵随寄主果实和苗木调运作远距离传播，老熟幼虫、蛹或成虫则可随果实的包装物或寄主植物生长介质或所附土壤传播。

（2）防治措施。在生物防治方面，新西兰在19世纪20年代，从澳大利亚引入寄生蜂*Goniozus jacintae*用于防治苹浅褐卷蛾，该寄生蜂对褐头卷叶蛾也有一定的防治效果；另外在19世纪60年代和70年代引进的姬蜂*Glabridorsum stokesii*、寄生蝇*Trigonospila* *breifacies*和瘤姬蜂*Xanthopimpla rhopaloceros*，也对该虫有一定的控制作用。生物防治的普及，可以有效降低农药的使用量。另外，昆虫病原体苏云金杆菌也可用于控制斜纹卷蛾。化学防治方面，一般使用的广谱杀虫剂，如有机磷类或氨基甲酸醋类农药可有效杀灭该类害虫，但是这些药剂对其天敌和人类具有较大的毒性。昆虫生长抑制剂，如虫酞膦(Tebufeonzide)等同样对斜纹卷蛾有较好的控制作用，并且该药剂对其天敌和人类的毒性较小。另外，生物杀虫剂如多杀菌素对该虫也有很好的选择性杀死作用。

(3) 传播途径。主要以幼虫和卵随寄主果实和苗木调运作远距离传播，老熟幼虫、蛹或成虫则可随果实的包装物或寄主植物生长介质或所附土壤传播。

10. 玫瑰短喙象*Asynonychus cervinus* (Boheman)

异名：*Pantomorus godmani* (Crotch)、*Asynonychus cervinus* (Boheman)、*Asynonychus godmani* Crotch、*Aramigus fulleri* Horn、*Pantomorus fulleri* Horn、*Asynonychus godmanni* Crotch、*Asynonychus godnami* Crotch

英文名：Fuller Rose Beetle

(1) 寄主。柑橘属植物（*Citrus*）［柠檬（*Citrus limon* spp.）、宽皮橘（*Citrus reticulata*）、脐橙（*Citrus sinensis*）、葡萄柚（*Citrus×paradisi*）］、南瓜属（*Cucurbita* spp.）、草莓（*Fragaria ananassa*）、菜豆属植物（*Phaseolus* spp.）、桃（*Prunus persica*）、*Rheum hybridum*、蔷薇属植物（*Rosa* spp.）、马铃薯（*Solanum tuberosum*）、猕猴桃（*Actinidia* spp.）、金合欢属植物（*Acacia* spp.）、柿子（*Diospyros*

kaki）、胡桃（*Juglans regia*）、苹果（*Malus domestica*）、芭蕉属植物（*Musa* spp.）、西番莲（*Passiflora edulis*）、鳄梨（*Persea americana*）、油桐（*Vernicia fordii*）。在智利，鳄梨是其主要寄主之一。除此之外，寄主还包括美洲李（*Prunus americana*）、杜鹃属植物（*Rhododendron* spp.）、秋海棠属植物（*Begonia* spp.）、黑莓和*Rubus* spp.、栀子属植物（*Gardenia* spp.）、木槿属植物（*Hibiscus* spp.）、绣球花属植物（*Hydrangea* spp.）、百合属植物（*Lilium* spp.）、栎属植物（*Quercus* spp.）、欧洲李（*Prunus domestica*）。

（2）地理分布。玫瑰短喙象原产于南美洲，现已扩散并成为世界性害虫，尤其是热带和亚热带水果产区的重要害虫。该虫是柑橘和西番莲等水果的重要害虫。

玫瑰短喙象分布于亚洲的日本、土耳其，欧洲的俄罗斯、法国、西班牙、葡萄牙、意大利,非洲的埃及、摩洛哥、南非、厄立特里亚，大洋洲的澳大利亚（新南威尔士州、昆士兰州、南澳大利亚、塔斯马尼亚州、维多利亚州、西澳大利亚）、新西兰、诺福克岛、中途岛，拉丁美洲的阿根廷、巴西、智利、巴拉圭、秘鲁、乌拉圭、海地，北美洲的加拿大(安大略省)、美国(亚拉巴马、亚利桑那、加利福尼亚、康涅狄格、佛罗里达、佐治亚、夏威夷、伊利诺伊、印第安纳、艾奥瓦、路易斯安那、缅因、马里兰、马萨诸塞、密西西比、密苏里、蒙大拿、内布拉斯加、新泽西、北卡罗来纳、俄亥俄、俄克拉荷马、俄勒冈、宾夕法尼亚、南卡罗来纳、田纳西、得克萨斯、弗吉尼亚、威斯康星等地)、墨西哥。

（3）形态特征。玫瑰短喙象卵淡黄色，长圆柱形，长约1毫米。卵多产于树皮裂缝、树叶间缝隙或果萼下部，聚产，并覆有白色黏性保护物质。幼虫体白色，无足，头淡黄色，上颚黑色。随龄期增长，老熟幼虫肥大，头棕褐色，体长6～12毫米，受到惊扰时虫体弯曲成半月形。蛹信息不详。成虫体壁坚硬，体棕灰色，混杂有鳞片白色，体长6～8.5毫米。喙粗短，每个鞘翅上各有1个灰白色新月形斑点。眼位于头部两侧，并向外凸出，喙略向地面弯曲（图4-41、图4-42）。

图4-41　玫瑰短喙象成虫(引自Clark)

图4-42　玫瑰短喙象幼虫及蛹(引自Clark)

（4）生物学特性。玫瑰短喙象为多食性害虫，寄主范围极其广泛，主要为阔叶植物，包括多种果树、观赏植物和杂草，对玫瑰和柑橘最具经济重要性，可在寄主植物的整个生长阶段为害叶和根。幼虫取食寄主植物的根，成虫取食寄主植物的叶、芽、花等器官。

玫瑰短喙象主要以幼虫在土壤中越冬，但是在美国佛罗里达州，成虫全年可见，尤其气候较为温暖的地方，每年可发生2代。目前仅发现该虫雌虫，繁殖方式为孤雌生殖。

玫瑰短喙象成虫善爬行，经常出现在灌木、小树以及矮的植物上。雌成虫将卵聚产在一起，并有白色卵鞘保护。一般说来，卵多产于树皮裂缝、果实萼片内部、干枯树叶缝隙或黏附于石块下方。据报道，在柑橘果园，该虫最喜欢产卵于果萼下面，很少将

卵产于果实脐部或果面其他部位，产卵比例为83%，卵产在叶片或枝条上的比例分别为16%和1%。雌虫产卵期可达3～5个月，每雌可产卵200余粒，也有报道说雌虫在其整个生命期内最多可产卵1 000粒。根据温度的不同，卵孵化需要2～6周时间。

卵孵化后，无足幼虫掉落在地面上，蛀入土壤，低龄幼虫在地下61厘米处较为活跃。在每年发生1代的地方，幼虫将在土壤中取食树根8～10个月。幼虫进入3龄后，转移到离地面较近的土层中活动，并建光滑的蛹室，为化蛹做准备。幼虫不断旋转腹部，将腹末分泌物均匀涂抹在蛹室中。蛹期为1.5～2个月。从卵孵化，经幼虫和蛹的发育，整个周期大约需要12个月。

成虫有翅，但不能飞行，羽化后爬到寄主植物上取食叶片、芽或者花。在佛罗里达州，该虫每年可发生2代，第1次羽化高峰为每年5月底至7月初，第2次羽化高峰为8月底到9月初。成虫期为3～8个月。

玫瑰短喙象成虫和幼虫均可对寄主植物为害。成虫取食寄主植物叶片，幼虫取食寄主植物的根。在柑橘果园，成虫夜晚取食寄主植物嫩枝、新叶等部位，白天并不活跃。叶部被害状主要包括叶片残缺不全且边缘呈锯齿状，植株茎和未被取食的叶片上可见大量该虫排泄的黑色长圆柱状粪便。大发生时，除叶片主脉外，其余部分被取食干净。由于叶面积的减少，植物光合作用下降，多糖等物质合成不足，严重影响了寄主植物的抗性、果实产量和品质。叶片被害后，还容易感染真菌等病害（图4-43）。

图4-43 玫瑰短喙象成虫为害状(引自Clark)

玫瑰短喙象低龄幼虫取食寄主植物的须根或者幼根，而高龄幼虫可因取食造成对根的环剥，在植物根的外部和内部取食，造成根系退化。根部受害后，无法正常有效地吸收水分和养分，地上组织得不到根部吸收的水分和各种矿物质；树冠不能进行光合作用，根系得不到树冠合成的能量物质、结构物质等，根系无法再生，植株生长发育受阻，出现生长缓慢或萎蔫症状。长时间水分补给不足将导致植株死亡，被害根部更容易感染真菌病害(*Phytopthora* spp.)。

玫瑰短喙象虽然有翅，但是不能飞行，主要以爬行方式进行扩散，主动扩散能力有限。在果园中，成虫羽化后钻出地表，爬行到达羽化孔附近的寄主植株上取食。成虫多停留在寄主植株或果实附近，一般来说，该虫几乎整个成虫期都待在寄主植株上。

（5）防治措施

①果园检查。成虫羽化高峰期为最好的防治时期。由于该虫多在夜间活动，白天较为隐蔽，不容易被发现。成虫羽化期要经常检查果园情况，观察植株叶片是否为被该虫取食造成的锯齿状边缘，未被取食的叶片上是否有黑色长圆柱形粪便，尤其是离地面较近的叶片上。果实接近成熟时，揭开近地面果实的果萼，观察是否有卵块。对于观赏灌木，可敲打灌木，待成虫坠落后收集并检查数量，明确该虫的发生情况。

②机械防治。玫瑰短喙象有翅但不能飞，成虫主要是通过爬行到达寄主植物的叶片取食。柑橘果园中，如果树势过低，枝条接触地面，就利于成虫直接接触到寄主叶片。如果对果树进行修剪整枝，剪除生长过低的枝条，则成虫只能通过树干爬行到达树冠。在果树主干上缠绕包裹黏性物质或杀虫剂（溴氰菊酯、高效氯氟氰菊

酯）可有效阻止成虫爬向枝干部位。涂抹材料应对果树无害或不能被果树吸收。

③生物防治。据报道，寄生蜂（*Fidiobia citri*）可寄生50%的玫瑰短喙象卵块，昆虫病原线虫异小杆属（*Heterorhabditis* sp.）和斯氏线虫（*Steinernema carpocapsae*）可寄生于幼虫，猎蝽（*Pristhesancus plagipennis*）、病原真菌（*Beauveria bassiana*和*Metarhizium anisopliae*）均可防治该虫。在美国佛罗里达州，用*B. bassiana* strain 252防治该虫的致死率高达90%。在澳大利亚，昆虫病原线虫异小杆属（*Heterorhabditis* sp.）在防治玫瑰短喙象中起到主要作用。

④化学防治。根据虫态的不同，应用不同的化学方法防治。针对成虫期和卵期的玫瑰短喙象，喷洒叶面杀虫剂能取得良好效果；针对幼虫和蛹，应采用化学药剂灌土毒杀。在美国佛罗里达，每年5月底成虫羽化期和6月初卵孵化期各喷洒一次叶面杀虫剂，可以有效减少成虫数量及产卵量，卵孵化率也急剧降低。卵触杀剂药效残留期为6周，而该虫卵期仅为2～6周，叶片上新产的卵块或正在孵化中的卵将无法存活。幼虫孵化高峰期，对柑橘果园的树干涂抹合成拟除虫菊酯或对周围土壤进行合成拟除虫菊酯浸润处理将有效杀死1龄幼虫并阻止其到达根系。

11. 非洲龟蜡蚧*Ceroplastes destructor* Newstead

在新西兰的北岛，非洲龟蜡蚧成虫在11月早期产卵，12月早期幼虫从蜡质层中孵化，可在12月早期的叶子上发现1龄若虫，然后产生1～2龄若虫，在12月到翌年1月的叶子上若虫比较多，3～4月3龄幼虫比较多，经常以3龄若虫和成虫越冬。主要取食为害植株、枝叶。但在种群密度大时或叶片与果实接触时，该害虫可能感染果实。

非洲龟蜡蚧可能是单性生殖，因为从未有雄虫的报道。非洲龟蜡蚧是多食性的，寄主植物很多，包括柑橘、咖啡、芒果、柿子、李、番石榴等水果及夹竹桃等多种观赏植物。传播扩散途径为：近距离传播靠爬行主动扩散，或动物和风携带；远距离传播是通过人为调运带虫的植物材料。

12. 长尾粉蚧*Pseudococcus longispinus* Targioni-Tozzetti

英文名：Long-tailed mealybug

曾用名：长尾粉蚧、长刺粉蚧

异名：*Boisduvalia lauri* (Boisduval) Signoret、*Coccus adonidum* various authors (not Linnaeus)、*Coccus laurinus* Boisduval、*Dactylopius adonidum*(Linnaeus)、*Dactylopius adonidum* Mask.、*Dactylopius longifilis* Comst.、*Dactylopius longifilis* Comstock、*Dactylopius longispinus* Targ.、*Dactylopius longispinus* Targioni Tozzetti等

(1) 寄主。拟长尾粉蚧寄主植物达78科的100多种，可为害经济性作物、观赏植物（包括温室及室内植物）和其他植物。寄主包括：禾本科、锦葵科、百合科、桑科、苏铁科、蔷薇科、桃金娘科、报春花科等植物,以及柑橘、椰子、无花果、苹果、鳄梨、李、桃、番石榴、葡萄等植物。

(2) 地理分布。拟长尾粉蚧是最具有世界性的蚧虫之一，其分布范围很广泛，遍及中国、印度、菲律宾、新加坡、加拿大、墨西哥、美国、阿根廷、巴西、智利、法国、澳大利亚、新西兰等多个

国家。其中中国的分布仅限于台湾。

（3）形态特征。

①雌成虫。长椭圆形，体长3.5毫米，宽1.8毫米，体外被白色蜡质分泌物覆盖。体缘有17对白色蜡刺，尾端具2根显著伸长的蜡刺及2对中等长的蜡刺。虫体黄色，背中央具有1个褐色带；足和触角有少许褐色。触角8节，第8节显著长于其他各节。喙发达。足细长，胫节长为跗节长的2倍，爪长。腹裂大而明显呈椭圆形。肛环宽，具内缘和外缘，2列卵圆形孔和6根肛环刺。多孔腺较少，仅分布在阴门周围。刺孔群17对。

②卵。椭圆形、淡黄色，产于白色絮状卵囊内。

图4-44　长尾粉蚧虫体（吴佳教提供）

③若虫。与雌成虫形态相似，但较扁平，触角6节。

（4）发生及为害。以成虫、若虫在寄主植物嫩茎、枝条、新梢、叶片和果实上刺吸汁液，致使受害植物发芽晚，叶变小；严重时茎、叶布满白色絮状蜡粉及虫体，诱发煤烟病，导致枝条干枯、死亡。

主要为害症状为：生长点、花序、叶片、茎等部位受损、畸形，或形成蜜露或导致煤污病；果实或种子提前脱落。此外，该虫是葡萄卷叶伴随病毒和茎纹病传毒介体，被侵染的葡萄藤的煤污病的发展也有破坏力。在西南太平洋地区所罗门岛和其他岛屿，该虫也是芋头(*Colocasia esculenta*)和*Xanthosoma* sp.等一些栽培作物品种上导致瘦小病有关的一种病毒的传毒媒介。

13. 大洋臀纹粉蚧*Planococcus minor*（Maskell）

异名：*Dactylopius calceolariae minor*、*Pseudococcus calceolariae minor*、*Planococcus pacificus*

英文名：Pacific mealybug、Passionvine mealybug

（1）寄主。大洋臀纹粉蚧可为害多种重要的农作物和林业苗木花卉。目前，已发现的主要寄主有榴莲、柑橘、番石榴、无花果、咖啡、可可、腰果、芒果、鳄梨、梨、椰子、槟榔青、番荔枝、凤梨、橄榄、葡萄、甘薯、卷心菜、萝卜、西瓜等。

（2）地理分布。大洋臀纹粉蚧分布广泛，主要集中在热带，部分分布在亚热带地区，主要分布区为亚洲的菲律宾、马来西亚、孟加拉国、缅甸、泰国和中国台湾等；非洲的马达加斯加、塞舌尔；大洋洲的澳大利亚、新西兰等；北美洲的墨西哥；南美洲的阿根廷、百慕大群岛、多米尼加共和国、哥斯达黎加等。

（3）形态特征。

①雌成虫。体椭圆形，体长1.3～2.2毫米。触角8节，眼在其后，近头缘。足粗大，后足基节和胫节有许多透明孔。腹脐大，位于第3～4腹节腹板，有侧凹和节间褶横过。背孔2对，发达，每瓣上有1～4根毛和7～30个三格腺。肛环在背末，有成列孔口和6根长环毛，其长约为环径长的2倍。尾瓣略突，其腹面有硬化棒，端毛为环毛的2倍长，刺孔群18对，每对有2根锥刺，7～10个三格腺，

有小块硬化片，仅末对有附毛，硬化片亦较大。三格腺均匀，分布背、腹面。单孔（和三格腺同大）分布背中和腹面。多格腺仅分布体腹面，偶在头区，常在胸区，前足基后和后期门后各有0～12、0～5，在腹部第4～9节后缘中区成单或双列，在第6～9节前侧缘亦有。管腺亦分大中小3类：大者在体背，即第5～8节各刺孔群旁有1个；中者在腹面，即头部前2对刺孔群腹面的侧缘有0～13个，第6对刺孔群旁有0～16个，第8对旁有0～6个，少数在其他胸区，腹节侧则成群；小者在腹节上成横列。背毛短小，腹面毛较细长（图4-45）。

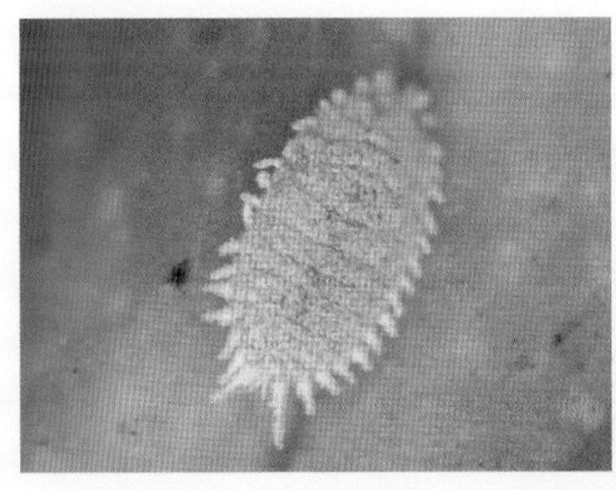
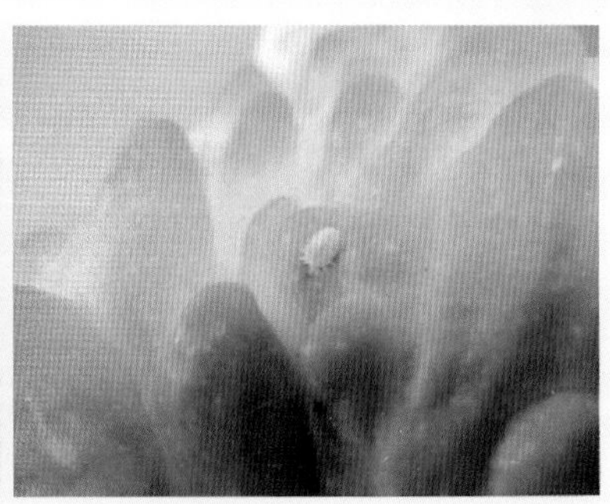

图4-45 大洋臀纹粉蚧（吴佳教提供）

②雄成虫。无口器，具翅，前翅较大，后翅退化为平衡棍。足较雌成虫发达，腹节末端有性刺。

③卵。多成堆，大多埋在白色分泌物中，淡黄色，半透明，椭圆形。

④若虫。体形甚小，浅黄色，数日后体被有白色蜡粉，初隐藏于雌虫腹部下方，后爬行分散附近适宜之处。

（4）生物学特性。大洋臀纹粉蚧以成虫和若虫群集于寄主果实底部、果顶及枝叶叶背、叶脉等部位刺吸取食汁液，其排泄物能诱发煤污病，并招来蚂蚁，使植株发育不良，果实品质变劣。在巴西还可严重为害棉花。若虫及成虫性喜憩居于枝椏、叶背、叶腋及果实等部位，吸食植株营养，分泌大量蜜露，引发煤病污染叶片与果实，影响光合作用，致被害枝叶生长不良，提早落叶落果，或果味变酸，影响果实品质与产量，并常招引蚂蚁取食共生，蚂蚁可以驱逐天敌保护蚧虫。该虫在台湾地区可以全年发生为害，完成一代时间主要视气候而定，夏季需要26天，冬季则需55天。常于11月至翌年5月的低温干燥期间猖獗为害，7～9月高温多雨期种群密度降低。雌成虫会分泌性信息素，吸引雄成虫前来交尾，雌成虫交尾后，会自尾端分泌白色棉絮状蜡质卵囊，产卵于囊内。卵孵化率可达94.41%。初孵化若虫暂居于卵囊内，并大量聚集于母体附近，部分则分散至靠近枝条、叶片背面或果实上寄生为害。

14. 芭蕉蚧*Hemiberlesia lataniae* (Sign)

曾用名：棕榈栉圆盾蚧

（1）寄主。寄主范围广，可为害植株、枝叶、果实和种子。寄主范围为78科、278个属，鳄梨是其中的一种寄主植物。

（2）地理分布。此虫在五大洲独有发生分布，美国加利福尼亚州也是主要的分布区。中国台湾、云南有记录。

（3）形态特征。体扁，略突，灰色带红或为白色，成熟后直径约2毫米；蚧壳腹有典型的环纹，覆盖物通常有不同的色泽，略突起或呈乳突状。雌虫呈圆形，雄虫在末龄期体延长。

雌体椭圆或近圆形，长0.93毫米，宽0.75毫米；此蚧中叶很大、紧靠、内抱，其间有一对刺状臀棘。L_2L_3为膜质楔状突，L_3有时不见，二侧叶间臀栉发达，栉齿多，L_3外臀栉很少或无。背管亦

粗长，中叶间一个超过肛门，L_1～L_3间2个，L_2～L_3间5～10个成一列，前端达板基侧硬化，第5腹节缘毛之上亦一列， 3～6个，直达板基侧硬化之侧，而此列外尚有一亚缘管。肛门大而圆，几乎与L_1同长，肛距稍超过肛长。阴腺（2～10）1～7微米（图4-46）。

（4）生物学特性。芭蕉蚧在美国马里兰一年发生2代；在埃及

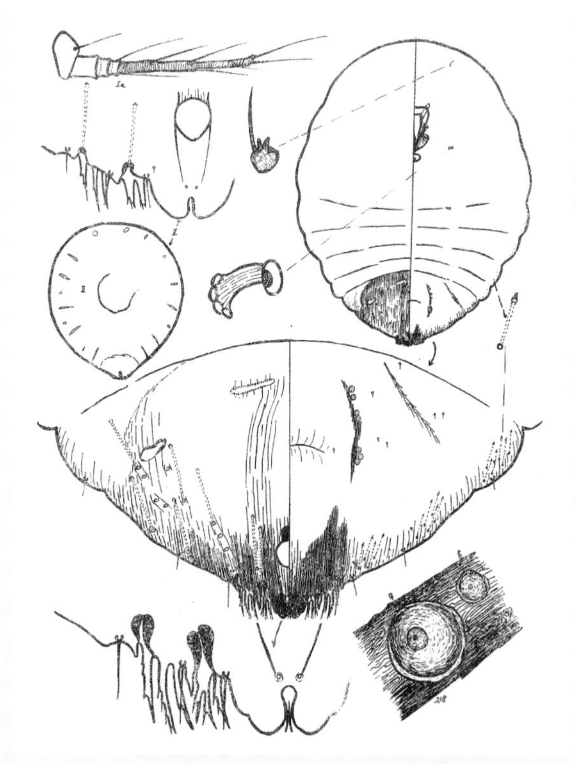

图4-46 芭蕉蚧解剖图（引自汤枋德）

一年发生3代；以色列一年发生4代。它是一种很具暴食性的蚧虫，寄生在鳄梨属的表面，包括果实、叶面和枝干表面。雌虫产卵于其腹下并孵化幼虫，雌虫无需雄虫则可以繁殖。此虫在果皮上为害

时，会造成淡色斑，蚧虫的取食可引起果皮下方褪色（图4-47）。

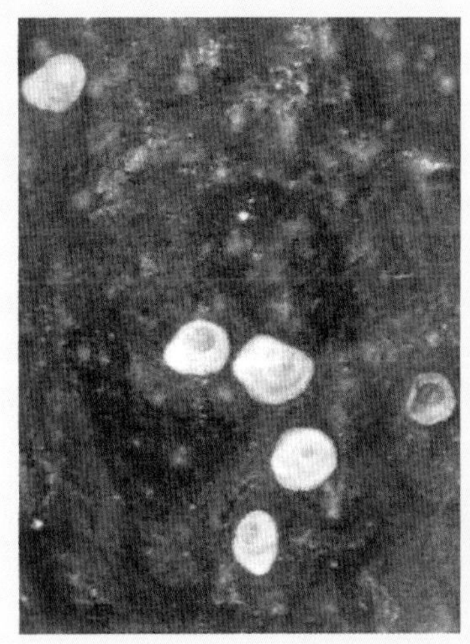
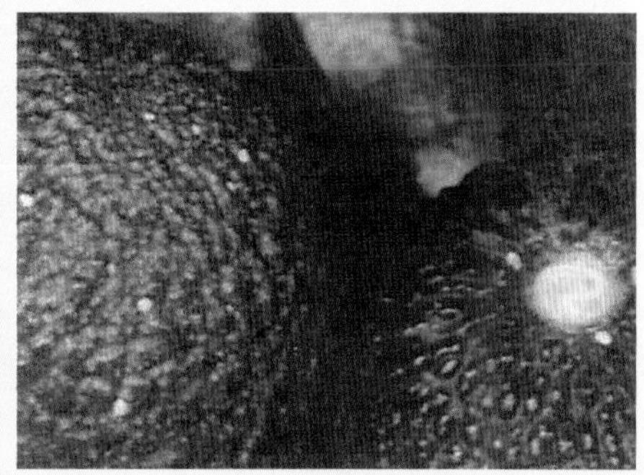

图4-47 芭蕉蚧寄生在暗色果皮上及其为害状(Rosen提供)

（5）防治措施。根据美国加利福尼亚州对此虫的防控方法，主要是采取生物防治措施，利用蚂蚁和瓢虫等作为捕食天敌，应用含杀虫剂的光波诱虫板。

15. 椰粉虱 *Aleurodicus pulvinatus* (Maskell)

异名：*Aleurodes pulvinata* Maskell、*Aleurodicus bifasciatus* Bondar、*Aleurodicus iridescens* Cockerell、*Aleurodicus pulvinata* (Maskell) Cockerell

英文名：coconut whitefly

（1）地理分布。玻利维亚、巴西、哥伦比亚、哥斯达黎加、厄瓜多尔、洪都拉斯、墨西哥、巴拿马和秘鲁等。

（2）寄主。椰粉虱的主要寄主是椰子［*Cocos nucifera* (coconut)］、番石榴［*Psidium guajava* (common guava)］。次

要寄主包括：樟科(Lauraceae)、金果梅［*Chrysobalanus icaco* (icaco plum)］、海葡萄［*Coccoloba uvifera* (Jamaican kino)］、中果咖啡［*Coffea canephora* (robusta coffee)］、沙箱树属的（*Hura crepitans*）、麻风树属（*Jatropha*）、鳄梨［*Persea americana*(avocado)］和胡椒［*Piper nigrum*(black pepper)］。

椰粉虱成虫见图4-48，椰粉虱幼虫见图4-49,椰粉虱卵的分布见图4-50，椰粉虱为害见图4-51。

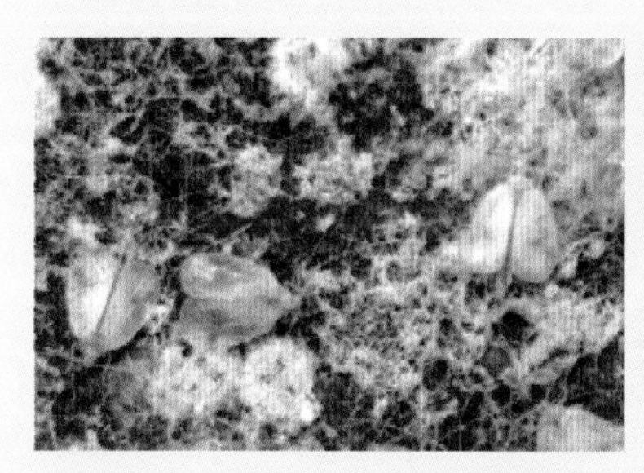

图4-48 椰粉虱成虫（吴佳教提供）

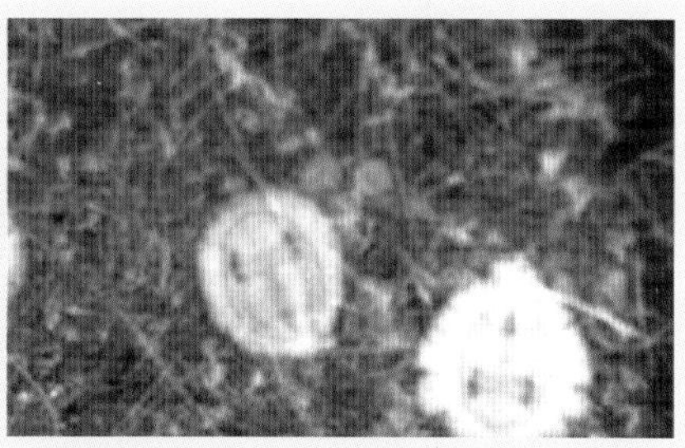

图4-49 椰粉虱幼体（吴佳教提供）

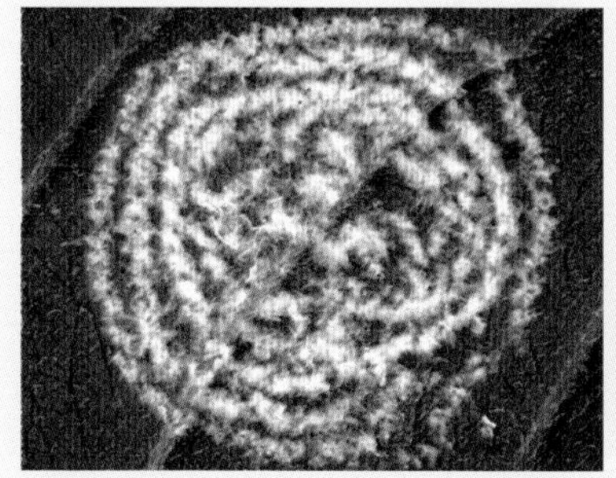

图4-50 椰粉虱卵的分布（吴佳教提供）

图4-51 椰粉虱为害（吴佳教提供）

16. 石榴小爪螨*Oligonychus punicae* (Hirst)

异名：*Oligonychus* （*Homonychus*） *peruvianus* (McGregor)、*Paratetranychus peruvianus* (McGregor)、

Paratetranychus trinitatis Hirst、*Tetranychus peruvianus* McGregor、*Tetranychus peruviensis*、*Tetranychus trinitatis*

（1）地理分布。分布于哥伦比亚、哥斯达黎加、厄瓜多尔、危地马拉、墨西哥、秘鲁、特立尼达和多巴哥、委内瑞拉、美国、印度及中国（浙江、广西、陕西、江西）。

（2）寄主。樟、楠、石榴、葡萄和鳄梨，还有木薯、长角豆［*Ceratonia siliqua*(locust bean)］、柑橘属（*Citrus*）、咖啡［*Coffea arabica*(arabica coffee)］、野胡萝卜［*Daucus carota*(carrot)］、棉属［*Gossypium*(cotton)］、鳄梨［*Persea* americana（avocado)］、白车轴草［*Trifolium repens*(white clover)］、葡萄属（*Vitis*）。野生寄主有：红木［*Bixa orellana* (anatto)］、酢酱草属［*Oxalis*(wood sorrels)］和柳属［*Salix* (willow)］等。

（3）形态特征。

①卵。扁圆形，直径0.14毫米，卵顶略凹陷，由此着生一淡色刚毛。

②幼螨。足3对，体形略大于卵粒，体长约0.16毫米。

③若螨。足4对，体形和成螨相似，但较小，活泼。雌若螨蜕皮2次，即具有若螨1、若螨2两个虫期。雄若螨仅有若螨1。

④雌螨。体长403微米，包括喙444微米，体宽279微米。椭圆形，紫红色，体侧有黑斑，足及颚体红色（图4-52）。

须肢端感器粗壮，其长宽略等；背感器小枝状，与端感器等长。口针鞘前端中央有一凹陷。气门沟细长，末端膨大。

背表皮纹在前足体纵向，后半体第1、2对背中毛之间为横向，第3对背中毛之间略呈V形。背毛末端尖细，具茸毛，不着生

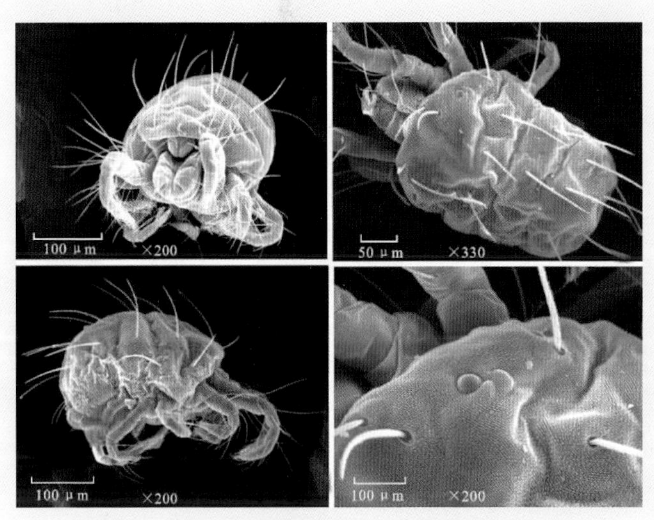

图4-52 石榴小爪螨的扫描电子显微图（赵利敏提供）

于突起上，共26根，其长超过横列间距，除臀毛外，各背毛几乎等长。肛侧毛1对。生殖盖表皮纹横向；生殖盖前区表皮纹纵向。

足Ⅰ跗节爪间突的腹基侧有4对针状毛。双毛的腹面有1根触毛。足Ⅰ跗节双毛近基侧有4根触毛和1根感毛；胫节有7根触毛和1根感毛。足Ⅱ跗节双毛近基侧有3根触毛和1根感毛，另1触毛在双毛近旁；胫节有5根触毛。足Ⅲ、Ⅳ跗节各有8根触毛和1根感毛；其胫节各有5根触毛。

⑤雄螨。体长313微米，包括喙373微米，宽180微米。

须肢端感器短小，其长略大于宽，顶端较尖；背感器长于端感器。

足Ⅰ跗节双毛近基侧有3根触毛和3根感毛；胫节有7根触毛和4根感毛。足Ⅱ跗节双毛近基侧有3根触毛和1根感毛，另1触毛在双毛近旁；胫节有5根触毛。足Ⅲ、Ⅳ跗节和胫节的毛数同雌螨（图4-53）。

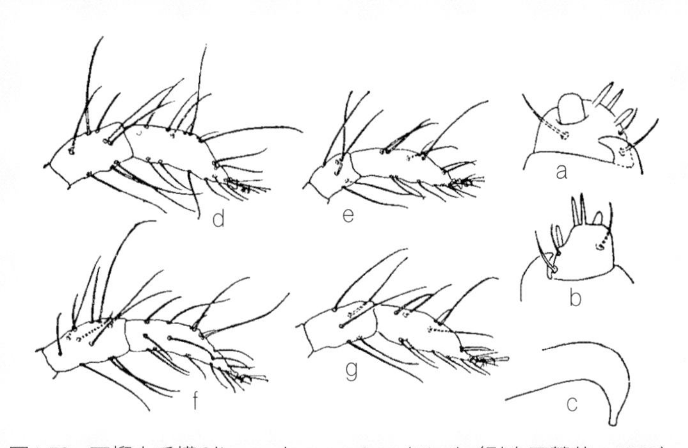

图4-53 石榴小爪螨*Oligonychus punicae* (Hirst)（引自王慧芙，1981）

注：a.雄螨须肢跗节；b.雄螨须肢跗节；c.阳具；d.雌螨足Ⅰ跗节和胫节；e.雌螨足Ⅱ跗节和胫节；f.雄螨足Ⅰ跗节和胫节；g.雄螨足Ⅱ跗节和胫节。

阳具柄部呈直角弯向腹面，弯曲部分宽阔，端部骤然收窄而形成指状突起。

（4）生物学特性。该螨聚集于叶片，多者一张叶片上可达数百头，幼螨、成螨善爬行。可繁殖多代，以夏中和秋初种群数量最多。常在叶片表面靠近叶脉处产卵并孵化，繁殖能力强。在叶片正面为害，一般散居于叶面中脉两侧，其蜕黏于叶表，状似一层银白色蜡粉，结丝网，叶片被害后，叶绿素遭受破坏，受害叶片轻者呈白色小斑点，重者叶片黄化，多在叶脉两侧形成褐红色斑块，质变脆，提早落叶。树木受害后，生长发育不正常，久之生物量和材质均下降。

（5）防治措施。可用阿维菌素、螨死净、哒螨灵和克螨特等杀螨剂，打药要全株喷雾，地面杂草也一并喷药，叶片正反面都打到效果比较好，最安全的方法是释放捕食螨进行生物防治，但见效比

较慢。已报道的*Amblyseius limonicus*是其捕食性天敌，但天敌的防控效果不是很理想。

17. 鳄梨六点螨*Eotetranychus sexmaculatus*(Riley)

英文名：Sixspotted Mite

（1）地理分布。美国。

（2）寄主。鳄梨。

（3）形态特征。成虫卵圆形，体长约0.3毫米，柠檬黄色，在腹部有6个黑色斑；卵色淡，纤细，有细长凸出的柄。

（4）为害及其生物学特性。鳄梨六点螨多发生在鳄梨树下方叶面上，造成不规则褪色到淡紫色，多发生在叶中脉和较大的叶脉处。此螨可结网但不结实，发生密度较低，每叶仅发生2～3头时，不会引起落叶（图4-54）。

成螨10～20天可产卵25～40粒，卵依据温度的不同，经过5天至3周的孵化，夏季卵孵化需8～12天，春季和夏初螨的发生密度增大（图4-55）。

（5）防治方法。主要是清洁果园和生物防治方法。

图4-54　鳄梨六点螨在叶片上为害
(引自Clark)

图4-55　鳄梨六点螨及其卵（左下角）
(引自Clark)

三、实蝇问题

实蝇，除了在南极和北极没有发生之外，几乎分布于全世界。实蝇是为害水果的重要有害生物，在水果种植区，实蝇问题不仅会引起水果生产者的烦恼，同时也引起了生产管理部门的重视。由于实蝇对水果生产可造成严重的破坏，尽管昆虫学家做了大量的研究工作，不断努力，希望用科学的方法，寻找切实可行的防除措施，以便将实蝇对水果生产的为害降低到最小限度，然而，实蝇问题始终没有解决。

（一）鳄梨实蝇问题概况

水果和蔬菜都是实蝇的寄主。例如，地中海实蝇的寄主几乎包括所有的水果和蔬菜。在美洲鳄梨的主产区，有地中海实蝇发生，也有按实蝇发生；在非洲主产区有地中海实蝇和同为腊实蝇属的纳塔尔实蝇及非洲芒果实蝇发生。然而鳄梨主产区生产的鳄梨，也希望外销到其他国家或地区，外销中最大的障碍就是鳄梨与实蝇关系问题。早在1997年，就有专家就鳄梨的处理和检疫，立足于研究和证明墨西哥产哈斯品种鳄梨不是墨西哥实蝇（*Anastrepha ludens*）、西印度实蝇（*A. obliqua*）、人心果实蝇（*A. serpentina*）、美洲番石榴实蝇（*A. striata*）的寄主。这一类研究在南非和肯尼亚等国家都先后进行。鳄梨是否是实蝇的寄主，或是喜食寄主或非喜食寄主等研究在不断推进。进入21世纪，鳄梨生产国家希望在进行鳄梨国际贸易时，实蝇问题不致成为鳄梨输出的障碍。目前研究中，有以按实蝇（*Anastrepha*）类为研究对象、有以腊实蝇(*Ceratitis*)类为研究对象，也有以寡毛实

蝇（*Bactrocera*）为研究对象。总之，鳄梨是或不是实蝇的寄主植物，目前还在研究中。

（二）鳄梨与实蝇关系问题的研究

这一问题的研究，目的要求大体上是求证鳄梨是实蝇的寄主或非寄主，或作为一种学术上的研究。

1. 在鳄梨主产国的研究

该项研究课题，以在鳄梨主产国立项研究为多，建立课题以当地发生的主要实蝇种类如按实蝇类、腊实蝇类以及寡毛实蝇类中的重要种类为研究对象。

在墨西哥，以哈斯鳄梨为研究材料，以墨西哥实蝇（图4-56）、西印度实蝇、人心果实蝇、美洲番石榴实蝇等为研究对象，于2001年和2002年开展试验研究，试验选择在墨西哥的Michoacan地区的6个果园进行，分别在2001年8～10月和2002年4～6月两次试验，试验的材料是哈斯鳄梨和当地野生寄主。一是将封闭式虫笼置于树上，以便强制实蝇在笼内产卵感染果实，然后将果带回实验室。用哈斯鳄梨作为被感染材料，在无保护的状态下置于果园地面1天和7天；调查产卵的深度和卵的孵化能力；另又将果从树上采摘进行多项试验。在果园可以捕获到按实蝇成虫，将取自果园的和从包装厂抽取的果进行剖果检查，目的是检查果中是否有实蝇幼虫和卵，检查中没发现有卵和幼虫存在。另外，又将树上成熟、完好的挂果让雌虫产卵，结果发现其中有果被墨西哥实蝇感染，但感染率很低，同时也没有发现有其他按实蝇感染哈斯鳄梨。检查置于地面上的果，均没发现有受按实蝇感染。据试验结果，认为哈斯鳄梨不是按实蝇的寄主。

图4-56 墨西哥实蝇（引自杉本）

在南非（2009），科学家针对南非发生的地中海实蝇（图4-57）、纳塔尔实蝇（图4-58）和非洲芒果实蝇（图4-59）是否为哈斯鳄梨的寄主开展研究。试验进行了4年，试验的方法是在实验室将完好的鳄梨果让实蝇产卵24小时；另外在果园树上挂果让实蝇产卵48小时，果实分别在4天、8天和18天采摘，之后，将所有试验的果置于25℃下培养观察49天。结果表明,哈斯鳄梨不是地中海实蝇的寄主，但纳塔尔实蝇和非洲芒果实蝇可以感染哈斯鳄梨，但感染力不是很强。研究认为，在南非，哈斯鳄梨对地中海实蝇无需进行危险性分析；还认为对纳塔尔实蝇和非洲芒果实蝇的危险性分析也可以忽略。

图4-57 地中海实蝇（赵菊鹏提供）

图4-58 纳塔尔实蝇（赵菊鹏提供）

图4-59 非洲芒果实蝇（赵菊鹏提供）

在肯尼亚、南非和坦桑尼亚（2016），针对入侵橘小实蝇［*Bactrocera*（*invadens*）*dorsalis*（Hendel)］（有认为此虫与橘小实蝇同种）是鳄梨寄主的可能性进行研究，此虫入侵非洲达30多个国家，致使当地水果生产遭受损失。研究用当地的3个品种的鳄梨：黑皮哈斯和两个青皮品种（Pinkerton和Fuerte）作为材料，肯尼亚于2012年及2013年在实验室的条件下，将完好和造成伤口的鳄梨在封闭的条件下，让性成熟的实蝇在果上自由产卵。结果显示，造成伤口的果，实蝇可产卵，幼虫能完成发育；但完好的果实未曾受到实蝇感染。试验的结果被认为与2013年坦桑尼亚所做的测定结果一致。在果园的试验，是将实蝇分别放入不同品种鳄梨的笼内72小时，未发现有任何品种的果实被入侵橘小实蝇感染，因此认为，实蝇问题对鳄梨出口可以忽略，但仍需讨论。

2. 在中国的研究（2016—2017）

广东检验检疫技术中心、湛江出入境检验检疫局、番禺出入境检验检疫局及广州市花都区农业技术管理中心，分别在广州和湛江鳄梨试种种植基地，开展了对鳄梨是否为实蝇寄主的调查和研究，发现当地种植的鳄梨品种并不拒绝橘小实蝇在其果实上产卵。当地的鳄梨果实在发育到长约6厘米和直径4厘米大小时，实蝇便可以在将完好的果实上产卵，直至完成整个发育。试验研究方法是将鳄梨果置于与外隔离的养虫箱中，箱内放入100头或以上性成熟的橘小实蝇［*Bactrocera*(*Bactrocera*) *dorsalis* Hendel］雌雄成虫（图4-60），让雌虫在果上自由产卵，经1小时将果取出，在25～28℃室温下隔离培养，在室内观察3～5天，发现实蝇卵已孵化出幼虫，再经过培养可见幼虫化蛹并羽化出成虫；非广州本地产的鳄梨果，取样新鲜入境广州的墨西哥产哈斯鳄梨，果实在完好的状态下，用同样的试验方法，让橘小实蝇成虫在果实上自由产卵，之后经过室内培养，结果产卵成功，幼虫发育并羽化出成虫。从试验结果可以看出，无论是广州产的鳄梨果，还是国外入境的鳄梨鲜果，橘小实蝇都无区别的可以在果上产卵并羽化成虫，完成其生活史。另外，取广州产鳄梨树上熟果和在台风吹袭下落地的果，在室内培养发现果实有橘小实蝇老熟幼虫寄生。所有观察结果表明，可以确认鳄梨是橘小实蝇的寄主（图4-61～图4-66）。

图4-60　橘小实蝇雌成虫（赵菊鹏提供）

图4-61　橘小实蝇成虫在墨西哥哈斯鳄梨上产卵活动（赵菊鹏提供）

图4-62　橘小实蝇成虫在墨西哥哈斯鳄梨上产卵状（赵菊鹏提供）

图4-63　橘小实蝇在鳄梨上产卵后孵化大量幼虫（赵菊鹏提供）

图4-64　广州本地鳄梨果实接虫后羽化出成虫（赵菊鹏提供）

图4-65　橘小实蝇在墨西哥哈斯鳄梨上产卵羽化出成虫（赵菊鹏提供）

图4-66　在成熟杂交鳄梨果实上培养出橘小实蝇幼虫（梁广勤提供）

Production and pests control of avocado

第五章　收获、加工及储藏保鲜

鳄梨从开花到果熟收获，需要6～7个月，而成熟果留在树上还可达数月，然而树上的果看上去成熟，但并不成熟，采摘后需经过5～7天的后熟期。

一、收获

美国鳄梨的采摘季节是每年的3～9月。在美国，确定鳄梨成熟度的方法全凭种植者的经验，鳄梨果实颜色不是鳄梨果实成熟度的标准。鳄梨采摘是人工采收，高处的需采摘人员站在地上借助采摘剪采摘鳄梨，一个果园可一次性采收，也可按大小分期采收。采摘的鳄梨先放入水果采摘袋中，袋装满后倒入装载箱。根据美国加利福尼亚州种植鳄梨的收获期，有些果在当年尚未收获，于次年继续，这些果留在树上直到来年被称为两年果。如在收获前曾经喷施农药，必须根据农业部门有关农药使用的规定，确定收获适期；在收果时的气温要避免处于32℃以上，如果采果时炎热，可以遮阳采果，采收的果应迅速运往包装厂。收获果实时为保持果实不受损伤，鳄梨的采摘者都应非常小心将果集中。美国加利福尼亚州果农收获鳄梨时，用剪子将鳄梨剪下或折断果柄摘下鳄梨果，生长于高处的果，可用一支长棍，在棍的端部安装收集袋用以集果（图5-1、图5-2）。然而，必须注意的是，当下雨天，或树或果实潮湿时不宜采摘，可避免诱发病虫害（图5-3、图5-4）。由于鳄梨是典型的呼吸跃变型果实，代谢速率高，易受真菌感染，如果在高温高湿情况下采收，采后导致果实腐烂，有时果腐率可高达40%以上。

鳄梨的成熟采收时间标准难以掌握。采收过早，后熟以后虽可以变软，但所需时间较长，易失水皱缩、腐烂、肉质硬，有青草气味和苦味。采收太迟，则不耐储藏，运输过程中易过熟腐烂。因

此，种植者归纳了鳄梨成熟的判断标准。

图5-1　美国加利福尼亚州鳄梨的采摘(引自David Rosen)

图5-2　广州花都果农收获鳄梨（梁广勤提供）

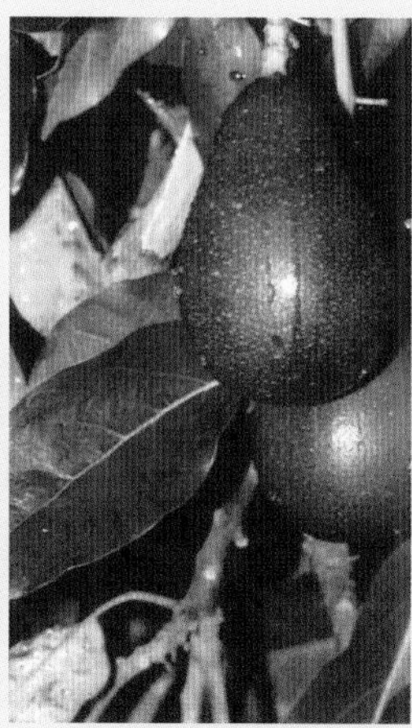

图5-3　树和果潮湿时不宜采摘(引自David Rosen)

图5-4　采摘干爽的果实(引自David Rosen)

据云南的研究经验，当地8～9月，鳄梨果实发育缓慢，渐趋于停止状态，进入成熟收获期。

海南鳄梨种植者的经验认为，鳄梨的采收时间是在果实停止增大且已饱满时即为成熟，但果实的成熟标准不易辨别，因而采收时间难以掌握。种植者对果成熟辨别的经验：一是在实验室分析果肉含油量，达到一定数值时就表示这个果实成熟了；二是查看种子的种皮，剖开果实，见种皮色变褐、变干、变薄并出现皱缩，表明果实成熟；三是把果放到水里，如果果实可以浮在水面，表明已经成熟，如果沉下去则未成熟。

贵州的判断鳄梨收获适时的标准是：果实已停止增大且饱满；果皮从有光泽的绿色变为暗黄绿色或微红色；果柄粗大，稍呈黄色；种皮皱缩，呈深色而不是苍白色。

收获后的果实，避免堆放在不洁的地面或潮湿的、堆放有已受病虫感染果实处，防止有害生物的再次感染，形成腐果或出现影响商品价值的果实，一旦感染就难以清除（图5-5、图5-6）。

图5-5 收获鳄梨（梁广勤提供）

图5-6 采果后送往集中处(引自David Rosen)

二、加工

在果园采摘后，运至包装厂，首先是用冰水［温度0～2℃，水中加入一定比例的双氧水（paracetic acid）］进行翻滚冲洗，冲洗时间不少于30分钟，使水果温度降低。果实进行二次清洗，清洗时间10分钟，并用毛刷翻滚清洗采摘下来的果，然后进行分拣。接着将清洗完毕的鳄梨进行分级，分级是根据鳄梨颜色、大小、伤痕等进行，不同级别鳄梨进入不同的通道，剔除不合格产品（图5-7～图5-10）。这是一个非常重要的质量控制程序，尤其是作为

图5-7　包装厂对鳄梨的分拣加工流程(冯黎霞提供)

图5-8　包装厂对鳄梨进行分拣加工(冯黎霞提供)

图5-9　包装厂分拣鳄梨(引自David Rosen)

图5-10　鳄梨的分拣加工流程(冯黎霞提供)

外贸产品的鳄梨，牵涉进口国输入鳄梨相关协议的质量要求；如果作为在本国本土的贸易，也有地区性的质量要求。因此，对于采后鳄梨的分拣、加工和包装，包含的内容很丰富。鳄梨果采摘后，全部混装在收集的容器中，如袋子、篮子、箱子，然后运送到包装厂进行分拣，清除从果园带回的残枝树叶，将感染了病虫害的果清除，将有潜在病虫害危险的果剔除，将所有的残果和不合质量要求的果分拣出。经过分拣这一程序之后，将符合质量要求的鳄梨果装箱，并运送到储藏库冷藏，冷冻储藏温度为3～5℃，以保持果实的新鲜度，抑制有害微生物的繁殖和传染。值得注意的是，置于任何容器的鳄梨果，不能放在储藏库外过夜，防止果实受影响，导致品质下降（图5-11～图5-14）。

图5-11　被分拣清除的不符合质量要求的残果(冯黎霞提供)

图5-12　成品鳄梨在车间进行包装
(冯黎霞提供)

图5-13　成品储藏
(冯黎霞提供)

图5-14 加工完成的鳄梨存放在冷藏库内(引自David Rosen)

三、储藏保鲜

鉴于鳄梨是典型的呼吸跃变型，代谢率高的果实，采后在常温下5～7天完成后熟，易感病菌而导致腐烂，其损失率可高达40%以上。经过分拣加工的鳄梨果实，应采取适当的保鲜措施，以利于延长果实的储藏寿命。鳄梨的储藏，一是将果低温储藏，储藏温度掌握在5～13℃，相对湿度85%～90%，耐冷品种可储藏30天以上，不耐冷品种则只有15天左右；二是留树上储藏，鳄梨成熟后可在树上保留一段时间再采收，这种方法为留树储藏。

鳄梨的储藏技术，是依据该品种水果起源于热带和亚热带地区，具有一定的冷敏感性，低温储藏中易发生冷害。因此，常温易感病害和低温易发生冷害是鳄梨储运保鲜的两大难题。鳄梨采收后，尤其是作为用于国际贸易的产品，不能简单地储藏，还要更进

一步采取多项处理措施以适应贸易的需要。

（一）防腐处理

在常温下哈斯鳄梨发生的病害以蒂腐病为主，炭疽病较少。用一种常用的高效低毒的防腐剂“施保功”处理鳄梨果可提高果实的商品率。0.1%“施保功”在25℃常温下处理能有效减轻鳄梨果实病害，提高商品果率。“施保功”溶液浸泡（50℃，5分钟）可增强防腐效果，商品果率达100%。但施保功溶液浸泡超过10分钟后，防腐效果未增强。

（二）低温处理

根据黄烈键等的测定，哈斯品种鳄梨在3℃、7℃和11℃低温储藏15天，之后温度越低、病害发生越少，但果实的冷害加重；而温度越高容易完成生理后熟，病害发生多，冷害减少。3℃储藏15天后，80%鳄梨果实不能用乙烯正常催熟，果实坚硬，边缘果肉绿色，中部果肉变褐；11℃储藏15天后，果实无冷害，但用乙烯催熟后40%果实出现小面积病斑；7℃储藏15天，冷害和病害发生情况在3～11℃，15天后分别有20%和6.67%的果实发生冷害和病害。已知鳄梨有3个生态系（亚种或植物学变种），即墨西哥系、危地马拉系和西印度系，也可分别认为属于亚热带、半亚热带和热带类型，植株耐寒性由强变弱，果实低温储藏性能也由强变弱。墨西哥系各品种适宜储藏温度为4℃，危地马拉系为8℃，西印度系为12.8℃，低于此温度易受冷害。但据Woolf的测定，鳄梨冷害的温度为0.5～2℃。鳄梨果对低温的耐受度出现的差异，因不同产地的生态条件不同而不同，在高温高湿地区种植的哈斯鳄梨，其对低温的敏感程度可能低一些。据ELSEVIER研究，鳄梨的适宜运输温度在0～2℃，但有认为这一温度不理想。

（三）热处理

热处理可提高果实的抗病性，用38℃热水处理60分钟，控制哈斯鳄梨在0.5℃下储藏发生的冷害效果很好。38℃热空气处理3～10小时和40℃热空气处理0.5小时也能减少哈斯鳄梨在2℃下储藏发生的冷害。黄烈键等的热水处理结果显示，50℃热水处理5～10分钟可在一定程度上减轻3℃储藏15天发生的冷害。据此，在有效低温下储藏前，宜用50℃热水处理5分钟，有利于减轻鳄梨的冷害程度。

第六章　食味和营养及保健作用

鳄梨风味独特，富含蛋白质、多种维生素及矿物质，特别富含脂肪酸（约为果肉鲜重的20%），且80%为不饱和脂肪酸，其中27.5%为人体无法合成的必须脂肪酸，具有降血脂、预防心脑血管疾病等作用，对人体发育也有重要作用。鳄梨脂肪酸酸度小，对皮肤渗透性强，可做多种物质的载体，还具防晒功能。因此，鳄梨除了食用外，还可做优良基础油，广泛应用于制造高级化妆品。

一、食味和营养

鳄梨味淡、微香，去皮后可食用，果肉肉质比较硬，水分较少，有一股牛油的气味。鳄梨是营养价值很高的水果，果肉营养丰富，是一种高热能水果，营养价值与奶油相当，并富含各类维生素、矿物质、健康脂肪和植物化学物质。鳄梨富含人体必需的脂肪、蛋白质、矿物质和各种维生素。脂类、蛋白质和碳水化合物是人体必需的三大营养，脂类热能比其他两种营养素高。脂类不仅提供能源，并且提供维持身体复杂机能的脂肪酸，对促进脂溶性物质(如维生素A、维生素D、维生素E、维生素K等)的吸收具有重要的作用。鳄梨在中美洲(原产地)有“生命之源”的美誉，非常珍贵。又因其富含脂肪，故又被誉为“森林黄油”。鉴于鳄梨是一种高能低糖水果，有降低胆固醇和血脂、保护心血管和肝脏系统等重要生理功能，因此，深受消费者青睐。

鳄梨果仁含脂肪油，为非干性油，有温和的香气，国外多作冷盘食用。其含有一种不干性油，没有刺激性，酸度小，乳化后可以长久保存。因其富含维生素，常使用电脑的白领应多吃鳄梨，对眼睛有益。

二、保健作用

鳄梨果肉脂肪主要成分是脂肪酸，它对人体具有重要的作用。鳄梨中脂类由中性脂质(即脂肪，主要是能源)和构造脂质(形成组织)的磷脂、固醇等及脂溶性物质、维生素等构成。在其主成分脂肪酸(约占总脂质的80%)中，亚油酸、亚麻酸均属必需脂肪酸，它们不能在人体内合成，必须从食物中摄取。其中，作为磷脂主成分的卵磷脂，具有清除黏附于血管壁上有害胆固醇、软化血管，增加有益胆固醇的双重效应，可预防动脉硬化。可见，这种脂类不仅是能源，而且是维持和增进人体自我调节功能的必要成分。鳄梨脂肪酸中含量最多的是油酸(占总脂肪酸的65.3%)，油酸对健康非常有利，其含量可与橄榄油相媲美。其次是亚油酸(占15.9%)，它是人体内不能合成而又必需的一种脂肪酸。最后是棕榈酸(化学性能稳定的脂肪酸，占12.4%)。鳄梨除含油酸外，还富含与油酸几乎具有相同机能的一价不饱和脂肪酸，因而是预防和治疗因胆固醇在血管壁积聚而致的动脉硬化患者的好食物。鳄梨含的大量亚油酸对降低血液中有害胆固醇浓度及促进前列腺素等生理活性物质的生成具有重要作用。

鳄梨果肉食物纤维含量比其他水果和蔬菜多，它是一种对预防便秘和大肠癌等疾病有效的食物纤维型水果。此外，食物纤维还可抑制胆固醇和脂肪的吸收，对预防、抑制心脏病、脑中风、癌、糖尿病、高血压等病情发展有效。鳄梨果肉中的果胶等水溶性食物纤维对胆固醇、胆结石的预防有效。从健康角度去衡量食品，首先是安全性，其次是营养充足，最后是考虑对慢性病的预防作用等。

鳄梨还有其他多种保健作用，可以提高学生的智力；对体育运动者来说，由于其富含维生素E，食用鳄梨可以提高运动员的竞技水平。鳄梨富含维生素C和矿物营养素，作用于心脏可促进血液循环和新陈代谢，改善或防止皮肤粗糙、老年斑、雀斑。鳄梨果肉纤维多，可预防便秘，避免有害物质被肠内吸收，再通过汗腺和皮脂腺分泌，造成皮肤粗糙和粉刺。鳄梨果肉所含大量的亚油酸和维生素E，可改善末梢血管障碍，使干燥的皮肤变得光滑；维生素A可润滑皮肤，维生素B_1、维生素B_2可预防色素沉着，具有较强的美肤效果。此外，鳄梨还含有大量构成蛋白质的色氨酸，对美肤、美发有用。鳄梨所含的铁元素和维生素B是贫血患者最理想的食物。

鳄梨果肉所含的维生素E，具有抗氧化作用，可防止不饱和脂肪酸的氧化、抑制过氧化脂生成(致癌物质之一)，具有清除引发癌、脑中风、心肌梗死等有害物质的作用。维生素E不能在体内合成，故应通过饮食摄取。维生素E还可平衡体内性荷尔蒙，增强皮下脂肪的新陈代谢，防止老化，同时可扩张毛细血管，使血液流畅。维生素E还可增加有益胆固醇、降低血液的中性脂肪，故能预防动脉硬化。

Production and pests control of avocado

第七章　贸易与检验检疫

鳄梨具有较高的经济价值，在工农业生产、世界贸易中扮演着重要的角色。鳄梨果实是一种营养价值很高的水果（在一些国家不作为水果而看作是蔬菜），其果仁富含非干性脂肪油，可供医药、化妆品等生产用。鳄梨上发生的病虫害种类很多，在进境鳄梨的检验检疫中值得关注。

一、鳄梨贸易

世界鳄梨生产与出口贸易发展迅速，呈现出不断增长的趋势。鳄梨的主产地集中在美洲，其后依次是非洲和亚洲。单产水平较高的国家集中在亚洲和美洲。鳄梨出口主要以鲜果出口为主。美洲出口量最多，亚洲和非洲虽是生产鳄梨的大洲，但大多只用于内销，对外贸易数量很少。21世纪以来，世界新鲜鳄梨的出口虽有所波动，但整体上呈现出不断上升的趋势。墨西哥是世界最大的鳄梨生产国，也是最大的鳄梨出口国，其鳄梨的出口量占世界鳄梨出口量较大的比例（图7-1）。

鳄梨的食用多用于西餐，中国人虽然对鳄梨的牛油味不很习惯，但随着水果的国际贸易发展，品尝鳄梨美味的要求已逐渐凸显。当前在国内市场上销售的鳄梨，主要是从墨西哥进口的哈斯（Hass）品种。该品种是依据中墨两国政府2005年签署的《墨西哥鳄梨输华植物检疫要求的议定书》要求允许从墨西哥输华的，也是该议定书规定允许输华的唯一鳄梨品种。2014—2015年，我国又分别允许了智利和秘鲁鳄梨进口，但也仅限于哈斯品种。因此，目前国内市场销售的进口鳄梨，只有哈斯鳄梨品种。哈斯品种鳄梨在世界贸易中占有相当的数量，其中，美国是哈斯鳄梨最大消费国。

世界各国生产的鳄梨多为国内自行消费，出口贸易仅占1/10

图7-1 广州市内超市出售的墨西哥哈斯鳄梨（梁广勤提供）

左右。2003年，世界鳄梨出口量为41.49万吨，约占当年产量317.17万吨的13%。墨西哥是世界鳄梨的最大生产国，也是最大出口国，2003年出口鳄梨12.42万吨，占世界鳄梨出口量的29.93%。2005—2006年产季，墨西哥鳄梨出口量显著增加且达到历史新高。自2005年产季以来，美国已成为墨西哥鳄梨最大的进口国。2005年，墨西哥鳄梨对美国的出口增幅已达到115%，占美国鳄梨总进口量的51%，首次超过秘鲁；其次是秘鲁，为9.53万吨，占

22.97%；南非出口量为3.9万吨，占9.4%；西班牙出口量为3.48万吨，占8.39%；以色列出口量为2.24万吨，占5.4%。美国是世界上最大的鳄梨进口国，2003年进口14.11万吨，约占世界鳄梨进口总量的1/3，其次为法国、荷兰、英国、日本等国。进口国均为经济比较发达的国家，是因为鳄梨价格较高，进口价在1 500～1 600美元/吨，超市零售价每个（约200克）高达1～2美元。

加利福尼亚州是美国鳄梨的主产区，其鳄梨产量占美国鳄梨总产量的90%。据加利福尼亚州鳄梨协会统计，加利福尼亚州鳄梨2010年产量为137.1万吨，2011年为209.7万吨，2012年为226.89万吨，2013年为134.95万吨，2014年为126.55万吨。由于气候原因和市场价格因素导致种植者采摘不及时，造成鳄梨果树大小年，2013年和2014年其产量急剧下降。

二、鳄梨入境中国的检验检疫

我国目前允许进口鳄梨的国家仅有墨西哥、智利和秘鲁，品种仅限于哈斯鳄梨。2005年，我国允许墨西哥鳄梨进口，允许进境的口岸有大连、天津、北京、上海、青岛、南京、广州、深圳、珠海和厦门；2014年允许进口智利鲜食鳄梨果实，允许从所有国家质检总局批准的水果指定入境口岸进口；2015年允许秘鲁鳄梨输华，仅限于哈斯非过成熟果（果实为绿色），果柄不得长于3毫米，也允许从所有水果指定入境口岸进口。我国进口的鳄梨主要通过集装箱海运入境，少部分通过空运入境。

进口鳄梨须符合我国进境植物检验检疫要求。主要包括：①来自规定的产地或产区。如墨西哥鳄梨只限于Michoacan州，智利鳄梨可来自所有产区，而秘鲁鳄梨应来自鳄梨织蛾非疫生产点。

②来自检疫注册的果园和包装厂。③不能带有关注的检疫性有害生物、土壤和植物残体。④果园生产期间须对我国关注的检疫性有害生物或者特定的有害生物进行调查监测和控制。⑤包装须在检疫部门的监管下进行；包装箱须干净卫生首次使用；每个包装箱上须标注水果种类、出口国、产地、果园和包装厂名称或其注册编号、出口商以及“输往中华人民共和国”字样。⑥出口前须经过检疫合格；出具植物检疫证书并注明集装箱号码和附加声明。

鳄梨进境时，口岸检验检疫部门将按照有关规程实施检验检疫。主要包括：核对植物检疫证书、进境动植物检疫许可证以及包装箱标志是否符合要求。检查货物、包装箱、运输工具是否带有检疫性有害生物。抽样送实验室检疫鉴定和安全卫生项目监测。监督对不合格货物进行除害、退运或销毁等处理（图7-2～图7-8）。

图7-2　鳄梨集装箱抵达广州番禺莲花山入境口岸码头（梁广勤提供）

图7-3　取样查验（梁广勤提供）

图7-4　按要求输华鳄梨需注明“输往中华人民共和国”（梁广勤提供）

图7-5 按要求取样检验检疫（梁广勤提供）

图7-6 现场取样检验检疫（梁广勤提供）

图7-7 部分样品带回实验室剖果检验（张洪玲提供）

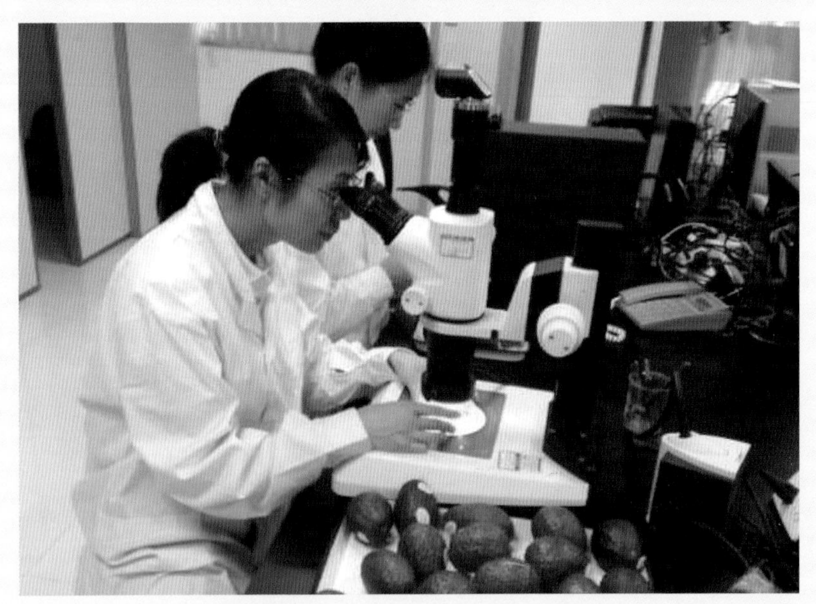

图7-8 实验室镜检可疑物（张洪玲提供）

第八章　在我国发展的可行性分析

一、鳄梨在我国的种植区不断扩大

鳄梨在我国台湾于1918年首先引入种植，随后在广东省广州、汕头、揭阳等地也有种植，1931年引种到福建省福州、莆田、厦门、漳州等地。当时引种数量很少，且都为实生树。目前，我国已在海南、广东、广西、福建、云南、四川、浙江、贵州、湖南等省（自治区）试种鳄梨。

二、我国广大南亚热带地区适宜鳄梨种植

随着鳄梨在我国一些地区试种成功，证明鳄梨适宜在我国广大南亚热带丘陵地区生长，能正常开花结果，具有很好发展的可能性。我国适合鳄梨生产的地区广阔，经过多年的栽培试种证明，鳄梨对低温的适应能力较强，具有一定的耐寒性，对土壤条件的要求不甚严格，只要土层较深厚、排水良好、不易积水，一般果树能生长的地方均可种植；在较好的栽培管理条件下，鳄梨可正常开花结果。

我国鳄梨种植面积由1995年的4 000公顷增加到2009年的1.5万公顷。2002—2005年，我国鳄梨单产基本都超过8吨/公顷，单产呈现小幅波动，但总体呈平稳的趋势，期间2004年和2005年单产超过10吨/公顷，并在2005年最高达到10.4吨/公顷；2006—2009年，鳄梨单产出现稳定小幅度下降的趋势。其中，2009年鳄梨单产最低，仅为6.67吨/公顷；1995—2005年，我国鳄梨总产量呈快速增长趋势，并在2005年最高达到12.5万吨，1995—2005年期间年均增长率为23.38%。2006年鳄梨总产量出现大幅减少，2006—2009年总产量出现稳步上升，在2009年总产量达到10万吨。20世纪80年

代前，种植的多是实生树，从总体上看品质差、产量低，而且多为零星分散种植。20世纪80年代后期开始，鳄梨列入南亚热带水果发展之列，才有连片生产性种植，并对引种、选育种、丰产栽培、病虫害防治及保鲜加工等方面进行较系统的深入研究。

三、鳄梨在我国具备良好的发展前景

近几十年来，世界上鳄梨生产发展很快，产量与消费量与日俱增。据联合国粮农组织资料，2004年世界鳄梨栽培面积达416 300公顷，产量3 187 500吨，在水果生产中排第11位。鳄梨于20世纪20年代引入我国大陆之后，主要在华南沿海各省（自治区）有少量引种试种，分布点虽已很多，但均未形成规模生产。然而，鳄梨消费市场正在不断扩大，而目前进口的产品价格很高。因此，我国鳄梨生产的发展已势在必行。

广东省地处亚热带，大部分地区属亚热带季风气候，夏长冬暖，降水量充沛，年降水量1 366毫米，年平均气温22℃，年日照时数1 828小时。鳄梨的三大种群均可在广东种植，其中湛江为西印度系最适宜种植区，汕头、广州为适宜种植区，阳江为次适宜种植区；广州、阳江、湛江、韶关、梅州、河源为危地马拉系次适宜种植区，连州为可种植区；韶关、连州、梅州、汕头、广州为墨西哥系次适宜种植区，河源、阳江、湛江为可种植区。鳄梨对气候、土壤的适应性较广，根据起源不同，可耐－6～－1℃低温，适于热带、亚热带地区种植；在广东省年平均气温19℃以上、年降水量1 000毫米以上的地区都能正常生长、开花结果。鳄梨种植以深厚、疏松、肥沃的沙壤土最好，忌积水，土壤pH以5～7为宜。广东湛江试种鳄梨的时间比较早，种植的面积不断扩大，到目前为止种植试验点已扩大到省外；广州地区早前也在试种和发展鳄梨种植。广西于1961年从广东湛江引进试种，后不断扩大种植。目前我国的鳄梨种植，从试种品种的范围、鳄梨良种的选育、病虫害的发生和防控技术以及鳄梨的其他领域的研究等已经开展或正在开展，发展鳄梨栽培的技术条件已经形成。

主要参考文献

蔡胜忠，李绍鹏，张少若，等，1998.油梨种质的主要形状研究[J].热带作物研究（2）：22-28.

陈海红，2003.油梨生物学特性及其栽培技术[J].中国南方果树，23(4):37-39.

陈金表，叶荫云，池德生，1978.鳄梨（*Persea Americana* Mill.）花的生物学特性观察[J].植物学报20（1）：84-87.

陈钟，周秋瑜，陈敏，2010.世界鳄梨的生产和贸易现状[J].中国商界（12）：152-154.

韩运发，1997.中国经济昆虫志（第55册）缨翅目[M].北京：科学出版社.

何国祥，陈海红，2005.油梨优良新品种及其栽培技术要点[J].中国热带农业（5）：33-35.

焦克龙，王学利，牛春敬，等，2014.两种危害鳄梨的瘿蚊科害虫[J].植物检疫，28（3）：70-74.

李丽,李隆伟,李新国，等，2012.中国油梨产业发展现状与建议[J].中国热带农业，16(3):8-10.

欧珍贵，2006. 油梨的研究现状及在贵州地区的发展前景[J].林业科技开发，20（3）：11-13.

潘建平，袁沛元，曾杨，等，2006.油梨及其在广东的发展前景[J].福建果树，139:28-31.

彭仕蓉，李志芳，2007.油梨优质高产栽培技术[J].农业服务，24(11)：101-102.

钱学射,张卫明,石雪萍，等，2011.鳄梨的类型和品种与适宜地区及栽培[J].中国野生植物资源，30(2):60-69.

施宗强，郑德龙，喻时周，2007.油梨在中国的发展前景[J].福建热作科技,32（4）：37-38.

覃立恩，陈川，陈海红，2013.哈斯油梨优质高产栽培技术[J].农业研究与应用（2）：54-57.

吴佳教，黄莲英，2014.入境台湾水果口岸关注的有害生物[M].北京：北京科学技术出版社.

徐平东，1994.油梨日灼病及其病原类病毒[J].植物检疫（2）：95-97.

张慧坚 韦家少，2005.国内外油梨生产及贸易概况[J].世界农业（12）：24-27.

赵丽，赵家桔，曾迪，等，2012.海南油梨栽培技术[J].林业实用技术（10）：24-25.

赵利敏，2013.石榴小爪螨分类学特征的亚显微观察(螨目:叶螨科)[J].西北农业学报，22(8):87-91.

中国科学院中国植物志编辑委员会，1982.中国植物志（第31卷）[M].北京：科学出版社.

钟思强，1989.油梨的气候生态特性及在我国发展的可能性[J].广西气象,10(1):58-81.

钟思强，1993.油梨的气候生态特性及布局[J].亚热带植物通讯，22(1):62-66.

钟思强，2012.油梨的营养价值和保健作用[J].广西热带农业（4）：19-21.

Aluja M，Diaz-Fleischer,F Arredondo,2004. Non-host status of commercial Persea americana ‘Hass’ to Anastrepha ludens, Anastrepha oblique, Anastrepha

serpentine and Anastrepha striata (Diptera: Tephritidae) in Mexico[J]. J. Econ. Entomol, 97: 293-309.

Anthony B Ware, CL. Neethling du Toit, Erica du Toit,et al., 2016. Host suitability of three avocado cultivars (*Persea americana* Miller:Lauraceae) to oriental fruit fly [*Bactrocera* (invadens) *dorsalis* (Hendel)(Diptera: Tephritidae)] [J]. Crop Protection, Kenya, 90: 84-89.

Mound, LA, 1978.Five new species of Thripidae (Thysanoptera) endemic to New Zealand[J]. N.Z.Juornal of Zoology (5) : 615-622.

Vásquez C, Aponte O,Morales J, et al., 2008. Biological studies of *Oligonychus punicae* (Acari: Tetranychidae) on grapevine cultivars[J]. Exp Appl Acarol, 45:59.

图书在版编目（CIP）数据

鳄梨（牛油果）生产与病虫害防治 / 梁广勤，赵菊鹏，胡学难主编. — 北京 ：中国农业出版社，2018.6
ISBN 978-7-109-21235-0

Ⅰ. ①鳄… Ⅱ. ①梁… ②赵… ③胡… Ⅲ. ①油梨－果树园艺②油梨－病虫害防治 Ⅳ. ①S667.9②S436.67

中国版本图书馆CIP数据核字(2018)第170038号

中国农业出版社出版
（北京市朝阳区麦子店街18号楼）
（邮政编码 100125）
责任编辑 杨桂华 廖 宁

北京通州皇家印刷厂印刷 新华书店北京发行所发行
2018年6月第1版 2018年6月北京第1次印刷

开本：880mm×1230mm 1/32 印张：4.75
字数：120千字
定价：39.80元